禪意東方

居住空间

Feel the Eastern Zen Style — Living Space

XIV

欧朋文化 策划

黄滢 马勇 主编

華中科技大學出版社

http://www.hustp.com

中国·武汉

前言 Foreword

唐代美学：激情昂扬不乏韵致，风骨俊健不失婉媚

说起唐朝，你会想到什么呢？波澜壮阔的征战史诗；万国来朝的雄浑气势；千古帝王李世民；一代女皇武则天；唐玄宗和杨贵妃“在天愿作比翼鸟，在地愿为连理枝”的爱情故事；政绩赫赫的贞观之治、开元盛世；以房谋杜断为代表的名臣辈出；以玄奘译经推动的中国佛教的发展壮大；雄伟壮观的唐帝王陵；气象万千的敦煌唐窟……

唐代留下了太多的传奇和故事。唐文化博大精深、全面辉煌、泽被东西，独领风骚。唐朝文化兼容并蓄、八方来朝，吸引海内外各国民族前来进行交流学习，形成世界学者们公认的“中华文化圈”总体格局，以至于唐代以后海外多称中国人为唐人。这是一个让我们隔了一千多年依然神往的朝代。

唐代是公认的中国最强盛的时代之一。尤其是前期和中期，经济繁荣，国力雄厚，人口增加，科技迅速发展，艺术创造更是进入了一个百花齐放的美好时代，为后世留下了无数宝贵的物质财富和精神财富。

在科学技术上，天文学家僧一行在世界上首次测量了子午线的长度；药王孙思邈的《千金方》是不可多得的医书；雕版印刷术的使用利于文化的传播，公元868年，中国《金刚经》的印制是目前世界上已知最早的雕版印刷。中国的造纸、纺织等技术通过阿拉伯地区远传到西亚、欧洲。

在宗教上，唐朝以道教为国教，王公贵族皆以慕道为荣，并以《老子》《庄子》《文子》《列子》等道教经典开科取士。为了符合当时唐朝国情，唐朝初

年玄奘在翻译佛教经典时大量吸收道教术语。佛教经典的大量翻译以及中国僧人自身思想体系的逐渐成熟使得中国佛教在此时得到了稳固发展，中国佛教的主要宗派大多在此时期形成或成熟。

唐代社会的蓬勃发展及激烈变化，让人们的才华与创造力得到了更有力的激发。在艺术领域，艺术家们凭借强烈的创作热情和丰富的艺术想象力，创作出了更加多元化的艺术作品。例如：他们创造了极端繁华欢乐的净土和极端悲惨恐怖的地狱；创造了维摩与文殊紧张的争辩场面；创造了劳度差和舍利佛激烈斗法的你死我活的景象；还创造了园林中高人逸士的闲适，深宫里贵族仕女的寂寥；创造了无数的生活形象和庄严与优美的典型，这些意境和形象都是美术史上的重要成就。

南宋严羽在《沧浪诗话》中评论诗歌美学时，曾说道：“盛唐诸人惟在兴趣，羚羊挂角无迹可求。故其妙处透彻玲珑不可凑泊，如空中之音、相中之色、水中之月、镜中之象，言有尽而意无穷。”严羽以禅入诗，强调诗的艺术功能，强调人格精神的升华，强调诗的美感效应，这是妙悟的一种。唐代文化艺术之美，不止于前人的玩味、畅神、妙悟，也有自己独特的特点。王明居在《唐代美学》中是这样概括的：

1. 哲学思想的圆融性

唐代美学的哲学思想，体现出容纳百川、为唐所用的海涵大度和共济精神。李唐虽然尊老子李耳为先祖，推崇道学，但对儒、佛、玄学采取兼收并蓄的态度，显示出哲学思想的圆融性。

2. 美学范畴的阐释性

唐代美学深受老子之道影响。老子在《道德经》中，从辩证法的角度，提出了有与无、方与圆、一与多、大与小、白与黑、大音希声、大象无形、巧与拙、动与静等哲学上对举的命题，老子只是提出而未阐发。而唐代文化或艺术家却对其进行阐释及延展。如：佚名《空赋》对有与无的阐释；李沁《咏方圆动静》讲的是方与圆、动与静；华严宗的创始人法藏《华严金师子章》对一与一切的阐释；还有黄韬的《知白守黑赋》对黑与白的分辨；杨发《大音希声赋》是对大音希声的阐释；杨炯《浑天赋》、林琨《象赋》对大象无形、大象有形的阐释；白居易《大巧若拙赋》对愚与拙的阐释等，都是对道家命题的思考与创想。

3. 美学理论的创造性

初唐美学有浓郁的爱国主义情思和社会责任感。初唐逐步完善的朴质论反对六朝淫靡之风，主张质朴美学。初唐四杰的王勃大力提倡朴质、刚健、雄放、清丽的同时，还对美的特质进行界定：美哉，贞修之至也!

盛唐开一代诗风的陈子昂提倡风骨、兴寄之外，还宣扬美在太平，充满了忧患意识和悲剧情怀。与之并肩同行的还有殷璠的兴象论，强调风骨外，还强调美的传达。此外李白的清真论也影响较大。清真论批判齐梁淫靡，继承建安风骨，提倡清新率真，把形式美与内容真、善融为一体。

盛唐王昌龄提出的意境论，到中唐刘禹锡、晚唐司空图等人手中得到进一步充实和发展，与风格论相贯通，提倡疏远功利化的美学。

从盛唐到中唐，美学理论更为多样化。杜甫是盛唐到中唐转折期的文人代表，美学思想更多地体现了与国家命运休戚相关的个人坎坷所凝成的悲剧美。

古文运动的韩愈提倡“文以载道”。新乐府运动的倡导者白居易指出了“心存目想”“境心相遇”的审美视知觉通感现象。

晚唐李商隐特别重视诗文的美和审美主体的美感，他在《樊南甲集序》云：好对切事、声势物景，哀上浮壮，能感动人。他还十分赞赏“以自然为祖，元气为根”的美学主体论。

唐代美学奠定在儒、道、佛、玄的哲学基础之上，与世界积极交流，互通有无，海纳百川，加上那个时代文人墨客名师辈出，创造力汹涌澎湃，竖立起多个文化艺术高峰，泽荫后世。

唐代的美学可以用这句话来形容：激情昂扬而不乏韵致，风骨俊健而不失婉媚。

本文将着重从审美、文化、艺术的角度，重新发现唐代美学对当代设计的影响与启发。

美人

谈到审美，看美人是最直观的。唐代是我国历史上极少“以胖为美”的朝代。根据历史研究，唐朝是以丰肥浓丽为审美取向的。如果去观赏唐代绘画、雕塑、陶俑及各类艺术作品所表现的女性形象，留给人们最突出的印象，也一定是“丰肥浓丽、热烈放姿”。丰肥浓丽即丰满、肥硕、浓艳、亮丽；热烈放姿即袒露的穿着、自信张扬的表情姿态。

从史书中对武则天的描写也可以推断，她正是凭着宽额头、丰脸颊、圆浑而重叠的颈部及富态形象赢得了“媚娘”的地位，从而为她进一步接近权力中心奠定了基础。中国古代四大美人之一的杨玉环，更是流传千古的胖美人典范。显然，唐人与汉代和古代大多数时期人们欣赏窈窕淑女含蓄内向以瘦为美的审美观不同。这种在现代看起来有些“另类”的审美眼光在那个如日中天的时代却显得理所当然。其一在于，唐代繁荣昌盛，丰衣足食，人们有条件吃饱穿暖保持健康丰满的体格。其次，唐代开放兼容并包。国力强盛与文明发达，使唐人充满自信，成为一个高度开放的国家。据不完全统计，当时与唐交往的国家有130多个。不同文化的影响、交融，使唐人不拘于传统，眼界开阔，热烈放姿。第三，统治者的血统也决定了唐人对健硕的体魄更为欣赏。唐代开国皇帝李渊的外祖父是鲜卑大贵族独孤如愿，也就是说李唐皇室的血统中至少有一半是鲜卑血统，而鲜卑族的游牧生活造就和需要的是剽悍、健硕的体魄。因此，唐朝几代国君均宠爱丰肥的女性也就不难理解了。当时崇尚的“丰肥浓丽、热烈放姿”绝不单纯是女性体态上的肥瘦，穿着上的遮露。可以说，这种审美取向是一种全方位的审美理念，所体现的是一种力量型的、开放兼容的文化视野。譬如唐人喜爱牡丹，而牡丹的花型正是高贵丰满。唐人塑造的骏马形象也都是骠满臀圆。而在唐代影响极大的颜体书法也是肥硕、庄严而浑厚。如果把视野放得更宽一些，就会发现，唐都长安城是当时世界上最大的都城，马路是最宽阔的，宫殿是最高峻宏伟的，当时的中国几乎是全世界向往的中心。这一切体现了一个民族进入高度成熟、处于生命力最旺盛阶段时洋溢出的蓬勃朝气和高度自信。唐人崇尚并醉心的这种气魄、力量和张扬的美，传递给我们的是一种扑面而来的时代气息——热烈放姿、开拓进取、自信张扬、积极向上。

服饰

唐代国家统一，经济繁荣，形制开放，思想开化，服饰更加华丽。唐代女装的特点是裙、衫、帔的统一。在妇女中间，出现了袒胸露臂的形象。从对贵族女性的绘画中，可以看到大量的酥胸半露，轻纱挽臂的形象，从而对“粉胸半掩疑暗雪”“坐时衣带萦纤草，行即裙裾扫落梅”有了更形象的理解。唐代女服的领子，有圆领、方领、斜领、直领和鸡心领等。短襦长裙的特点是裙腰系得较高，一般都在腰部以上，有的甚至系在腋下，给人一种俏丽修长的感觉。

裹幞头、穿圆领袍衫是唐代男子的普遍服饰，以幞头袍衫为尚。唐代以后，人们又在幞头里面增加了一个固定的饰物，名为“巾子”。唐代官吏，主要服饰为圆领窄袖袍衫，其颜色曾有规定：凡三品以上官员一律用紫色；五品以上，为绯色；六品、七品为绿色；八品、九品为青色，另在袍下施一道横，也是当时男子服饰的一大特点。

建筑

在建筑领域，唐代建筑风格特点是气魄宏伟，严整又开朗。现存木建筑反映了唐代建筑艺术加工和结构的统一，斗拱的结构、柱子的形象、梁的加工等都令人感到构件本身受力状态与形象之间内在的联系，达到了力与美的统一。而色调简洁明快，屋顶舒展平远，门窗朴实无华，给人庄重、大方的印象，这是在宋、元、明、清建筑上不易找到的特色。

在城市规划设计上，八水绕长安的唐都城长安，面积83平方公里，是今西安市区（明西安城）的8倍，也是当时世界最宏大繁荣的城市。长安城的规划是我国古代都城中最为严整的。唐代其他府城、衙署等建筑的宏敞宽广，也为任何封建朝代所不及。

唐代在建筑技术上也取得了长足的进步，斗拱的构件形式及用料都已规格化、定型化，加速了施工速度，反映了当时设计水平、施工管理水平的整体提高。

另外在佛塔的建造上，采用砖石者增多。目前我国保留下来的唐塔均为砖石塔。唐时砖石塔有楼阁式、密檐式与单层塔三种。

唐诗

中国是诗的国度，唐诗是诗的巅峰。诗是美的言语的极致，带动了其他艺术的昌隆。唐代浩瀚的诗海中，无论是初、盛、中、晚时期，都贯穿着文人的忧患意识、爱国情思这条主线。这是唐代美学中最富于民族精神的主流，也是唐代美学中最有价值、最值得骄傲、最宝贵的部分。

在唐代三百余年的历史中，涌现了无数诗人，其中如李白、杜甫、王维、白居易、李商隐等，都是名垂青史、光照万代的大诗人。他们的诗作风格各异，既有对神话世界的丰富想象，又有对现实生活的细致描写，既有激昂雄浑的边塞诗，亦有沉郁厚重的“诗史”，还有清新脱俗的田园诗。这些诗作是中国文学成就的杰出代表。正是无数有名的大诗人和默默无闻的小诗人一道，让唐诗星光灿烂、照耀千古，至今仍绽放着动人的光华。

唐诗的发展分为四个时期，即初唐、盛唐、中唐、晚唐。

初唐诗歌

唐玄宗以前，是唐诗发展的初级阶段。一方面，南朝宫体诗在诗坛上占据着统治地位，从唐太宗到上官仪等，无不大写华丽婉媚的作品；另一方面，诗歌改革的序幕正悄然拉开了。初唐的诗歌改革是从两方面来进行的：以陈子昂、“初唐四杰”为代表的一批出身低微的下层诗人，通过自身的遭遇意识到了诗歌创作必须表现真情实感，于是他们提倡“兴寄”“风骨”，写出了诸如《登幽州台歌》《感遇》《在狱咏蝉》《从军行》《送杜少府之任蜀州》之类情感充沛、动人心魄的作品，从内容上对宫体诗进行了改造或改革。而以沈佺期、宋之问、上官仪为代表的上层诗人则在对诗歌艺术的精雕细刻中，发展并完善了诗歌格律，并最终完成了对诗歌格律的定型，这从形式上发展了宫体诗。所以，初唐没有伟大的诗人，却有杰出的诗歌改革家。

“初唐四杰”指的是初唐“年少而才高，官小而名大”的四位作家——王勃、杨炯、卢照邻和骆宾王。他们致力于文学革新，力求摆脱齐梁诗风，突破了宫体诗的狭小范围，扩大了诗歌题材。其中，王、杨擅长五言律诗，卢、骆擅长七言歌行。

初唐末期，张若虚以一首七言歌行《春江花月夜》，奠定了在唐代诗歌史上的大家地位。“春江潮水连海平，海上明月共潮生。滟滟随波千万里，何处春江无月明！”写出了月夜春江明丽纯美的境界；“江畔何人初见月？江月何年初照人？人生代代无穷已，江月年年望相似。”融入浓烈情思和深刻哲理。婉转的音调，无穷的韵味，创造出了非常完美的意境。

盛唐诗歌

盛唐，即唐玄宗至唐代宗时期，是唐代诗歌高度繁荣的时期。盛唐诗作将内容与形式完美结合，诗歌创作大放异彩，涌现出王维、孟浩然、高适、岑参、王昌龄、王之涣、李白、杜甫等一大批著名的诗人。他们不论是写作田园山水，还是描写边塞生活，抑或是表现社会人生，无不遣词精炼，意味深长，并形成了鲜明的个性特征。他们以不同的声音合唱出令后世神往的“盛唐之音”——一种富有理想、昂扬向上、热情豪迈的精神风范。伟大的时代造就了伟大的诗人。特别是李白号称“诗仙”，杜甫尊为“诗圣”，成了后人不可企及的典范。

最能反映盛唐精神风貌、代表盛唐诗歌高度艺术成就的，是伟大诗人李白。李白是一位性格豪迈、感情奔放、不受拘束而又向往建功立业的诗人，他的诗充分表现了盛唐社会士人的自信与抱负，神采飞扬，充满理想色彩。李白为后世留下名句无数：“君不见，黄河之水天上来，奔流到海不复回。君不见，高堂明镜悲白发，朝如青丝暮成雪。人生得意须尽欢，莫使金樽空对月。天生我材必有用，千金散尽还复来。烹羊宰牛且为乐，会须一饮三百杯。岑夫子，丹丘生，将进酒，君莫停。与君歌一曲，请君为我倾耳听。钟鼓馔玉不足贵，但愿长醉不复醒。古来圣贤皆寂寞，惟有饮者留其名。陈王昔时宴平乐，斗酒十千恣欢谑。主人何为言少钱，径须沽取对君酌。五花马，千金裘，呼儿将出换美酒，与尔同销万古愁。”还有“发想无端”的《蜀道难》《梦游天姥吟留别》瑰奇想象，能达到常人所想不到之处，纯然一位天才的诗人。

“诗圣”杜甫生活于唐朝由盛转衰的历史时期，大半生穷愁潦倒，因此在感情上更能体验到民众的疾苦。他的诗悲悯贫苦，忧思深重，为国家作悲声，为贫民发疾呼，所以有“戎马关山北，凭轩涕泗流”“感时花溅泪，恨别鸟惊心”之句，催人泪下，发人深省，还有表现民间离别愁苦的“仰视百鸟飞，大小必双翔。人事多错迕，与君永相望！”“车辚辚，马萧萧，行人弓箭各在腰。耶娘妻子走相送，尘埃不见咸阳桥。牵衣顿足拦道哭，哭声直上干云霄。”等句，百转愁肠，哀怨难遣。杜甫的诗词以古体、律诗见长，风格多样。杜甫中年因其诗风沉郁顿挫，忧国忧民，他的诗也被称为“诗史”。

此外还有影响深远的多个诗歌流派也在各自领域里璀璨生辉。比如以王维、孟浩然为代表的山水田园诗派，也许是仕途失意，而受佛道思想影响较深，寻求隐逸，描写山水田园的自然风光。“独坐幽篁里，弹琴复长啸。深林人不知，明月来相照。”“空山不见人，但闻人语响。返景入深林，复照青苔上。”都是王维的名作，诗风清新明丽，表现出静谧恬淡的境界。苏轼曾说：“味摩诘之诗，诗中有画，观摩诘之画，画中有诗”。孟浩然不遑多让，“春眠不觉晓，处处闻啼鸟。夜来风雨声，花落知多少。”可谓传唱古今，妇孺皆知。孟诗不事雕饰，自然浑成，而意境清迥，韵致流溢，富有超妙自得之趣。

以高适、岑参为代表的边塞诗派也是大唐诗界熠熠发光的一支。他们的诗歌主要描写边塞战争和边塞风土人情，以及战争带来的各种矛盾如离别、思乡、闺怨等，表现出安边定远、治国安邦的豪情壮志和进取精神。高适的《别董大》“千里黄云白日曛，北风吹雁雪纷纷。莫愁前路无知己，天下谁人不识君。”诗风悲壮，情深意重。岑参的《白雪歌送武判官归京》“北风卷地白草折，胡天八月即飞雪。忽如一夜春风来，千树万树梨花开。”明媚奇丽，想象丰富。还有“四边伐鼓雪海涌，三军大呼阴山动。”气势豪迈，格调雄浑。边塞诗形式上多为七言歌行和五、七言绝句，雄奇豪迈，足以表现盛唐气象。其诗人除高、岑外，还有王昌龄、李颀、崔颢、王之涣、王翰等。

中唐诗文

中唐，即唐代宗至唐文宗时期，这也是唐诗精彩纷呈的时期。“安史之乱”使唐由盛而衰，国力日渐衰微，但诗歌并没有衰落，正所谓“国家不幸诗家幸，赋到沧桑句便工”。这一时期的优秀诗人如白居易、韩愈、柳宗元、刘禹锡、元稹等仍不失英雄本色，与盛唐诗人相比也不逊色。因此，学术界有人认为，中唐诗歌的成就甚至要超过盛唐。这一时期诗歌的最大特点是派别林立，诗人的个人风格极为突出。从开始时的“大历十才子”，到后来的韩孟诗派，无不具有鲜明的个人风格。

新乐府运动:

所谓“新乐府”，是和古题乐府相对而言的，是一种用新题写时事的乐府诗。这种新乐府始创于杜甫，杜甫所作如《悲陈陶》《哀江头》《兵车行》《丽人行》等，用乐府诗体制描写时事，“即事名篇，无复依傍”，增强了诗歌的现实意义。后来元稹、白居易等人发扬了这种精神，同时确立了新乐府的名称。中唐时元结和顾况又有所发展，后由白居易定型。元稹的《连昌宫词》，揭露唐玄宗的荒淫误国，堪与白居易的《长恨歌》并称。七律《遣悲怀》三首，感情真挚，堪称悼亡诗之名篇。“昔日戏言身后事，今朝都到眼前来。”“唯将终夜长开眼，报答生平未展眉。”这些诗句，传诵很广。其《离思五首》之四亦很有名，“曾经沧海难为水，除却巫山不是云”，是爱情诗中的名句。再比如李益的诗《夜上受降城闻笛》：“回乐峰前沙似雪，受降城外月如霜。不知何处吹芦管，一夜征人尽望乡。”抒写了士卒久戍思归的心情，意蕴深长，情调感伤。

以韩愈、孟郊为代表的韩孟诗派，强调“不平则鸣”和“笔补造化”，崇尚雄奇怪异之美，其诗以深险怪诞为特征，追求新奇，以丑怪为美，崇尚古拙。韩愈的“天街小雨润如酥，草色遥看近却无。最是一年春好处，绝胜烟柳满皇都。”为千古传唱。

宋苏轼《祭柳子玉文》云：“元轻白俗，郊寒岛瘦。”指的是中唐另外4位著名的诗作大家：元稹、白居易、孟郊和贾岛的诗风。郊寒岛瘦，均以“苦吟”著称，多作穷苦之词，风格清峭瘦硬。孟郊的《秋槐》云：“冷露滴梦破，秋风梳骨寒。”刻意追求古拙奇险。贾岛《送无可上人》云“独行潭底影，数息树边身”，可谓炼字炼句，煞费苦心。

晚唐诗词文

晚唐，即唐文宗至唐亡，这是唐诗的夕阳期。这个时期的代表诗人李商隐“夕阳无限好，只是近黄昏”的诗句正是这一时期诗歌的写照。这个时期没有了理想，只有悲哀与感伤。代表诗人李商隐、杜牧、温庭筠也只能留下千古绝唱。

杜牧的诗歌创作注重思想内容而又不轻视艺术形式，主张“文以意为主，气为辅，以辞采章句为之兵卫”。他的诗歌语言凝练隽永，立意高远拔俗。又以七绝成就最高，意境幽美、议论警拔、韵味隽永。比如《江南春绝句》“千里莺啼绿映红，水村山郭酒旗风。南朝四百八十寺，多少楼台烟雨中。”

李商隐与杜牧合称“小李杜”，与温庭筠合称为“温李”。其诗构思新奇，风格绮丽，尤其是一些爱情诗和无题诗写得缠绵悱恻，优美动人，广为传诵。比如《锦瑟》：“锦瑟无端五十弦，一弦一柱思华年。庄生晓梦迷蝴蝶，望帝春心托杜鹃。沧海月明珠有泪，蓝田日暖玉生烟。此情可待成追忆？只是当时已惘然。”感情细腻，意境婉约，沉博绝丽，精工富丽。李商隐善熔百家于一炉，故能自成一家。

温庭筠才高八斗，文思敏捷。其诗辞藻华丽，浓艳精致，其词艺术成就在晚唐诸词人之上，被尊为“花间词派”之鼻祖。如“梧桐树，三更雨，不道离情正苦。一叶叶，一声声，空阶滴到明。”精妙绝人。温庭筠诗词工于体物，有声调色彩之美。温庭筠诗风上承南北朝齐、梁、陈宫体的余风，下启花间派的艳体。

书法

在书法发展史上，唐代书法是晋代以后的又一高峰。在真、行、草、篆、隶各体书中都出现了影响深远的书法家。真书、草书的影响最甚。真书的书家大多脱胎于王羲之，但又兼魏晋以来的墨迹与碑帖的双重传统，后来渐渐从王家书派中脱颖而出，风格转为严谨雄健、法度森整。行草书家特别是草书家的风格走向飞动飘逸。隶篆虽无大发展，但能承秦汉之遗法，形成或严整紧劲或遒劲圆活的风范。

欧阳询、虞世南都是初唐著名书法家。欧阳询的楷书笔力严整，其名作有《九成宫醴泉铭》。虞世南楷书字体柔圆。颜真卿和柳公权是唐朝中后期的著名书法家。颜真卿把篆、隶、行、楷四种笔法结合起来，创造了方正敦厚、沉着雄浑的新书体，称为颜体，颜真卿的楷书用笔肥厚，内含筋骨，劲健洒脱，其代表作有《多宝塔碑》《颜氏家庙碑》；柳公权以楷书见长，他融化诸家笔法，自成一体，世称柳体，柳公权的字体劲健，代表作有《玄秘塔碑》，世人称颜柳二人书法为“颜筋柳骨”。

这里特别介绍两位草书大家：张旭和怀素，人称“张颠素狂”或“颠张醉素”。张旭创造了“狂草书”。其书法变化自如，表现出开阔的胸怀和丰富的想象力，人称“草圣”。在各种书体中，体现书法时间特征最完美的，载情性最直接的其实是草书。草书是书法笔法、墨法、构图的集合体，是书法节奏、韵律、表意的最高层次。张旭留传下来的书法作品有《古诗四帖》，惊涛骇浪般的狂放气势，节奏韵律的和谐顿挫，字间结构的随形结体，线条的轻重枯润等变化都达到了草书的最高水准。

怀素将他的“狂草书”发扬光大，写得更加流畅挥洒。怀素用笔圆劲有力，使转如环，奔放流畅，豪迈恣肆，一气呵成。他的书写极之迅疾：“飘风骤雨惊飒飒，落花飞雪何茫茫。”同时书写时很有气势：“狂来纸尽势不尽，投笔抗声连呼叫。”而且书写过程任性而为；“醉来把笔猛如虎，粉壁素屏不问主。”怀素的代表作有《自叙帖》《苦笋帖》《千字文》等，均为狂草，笔势狂怪怒张，神采飞舞。狂草的最高艺术境界和表现形式就是“惟观神采，不见五官”，满纸云烟。这是一种气势磅礴的艺术享受。

晚唐时随着国势渐衰，书法也没有初唐、盛唐兴盛，但也出现了一些书法家，如杜牧、高闲、裴休等。

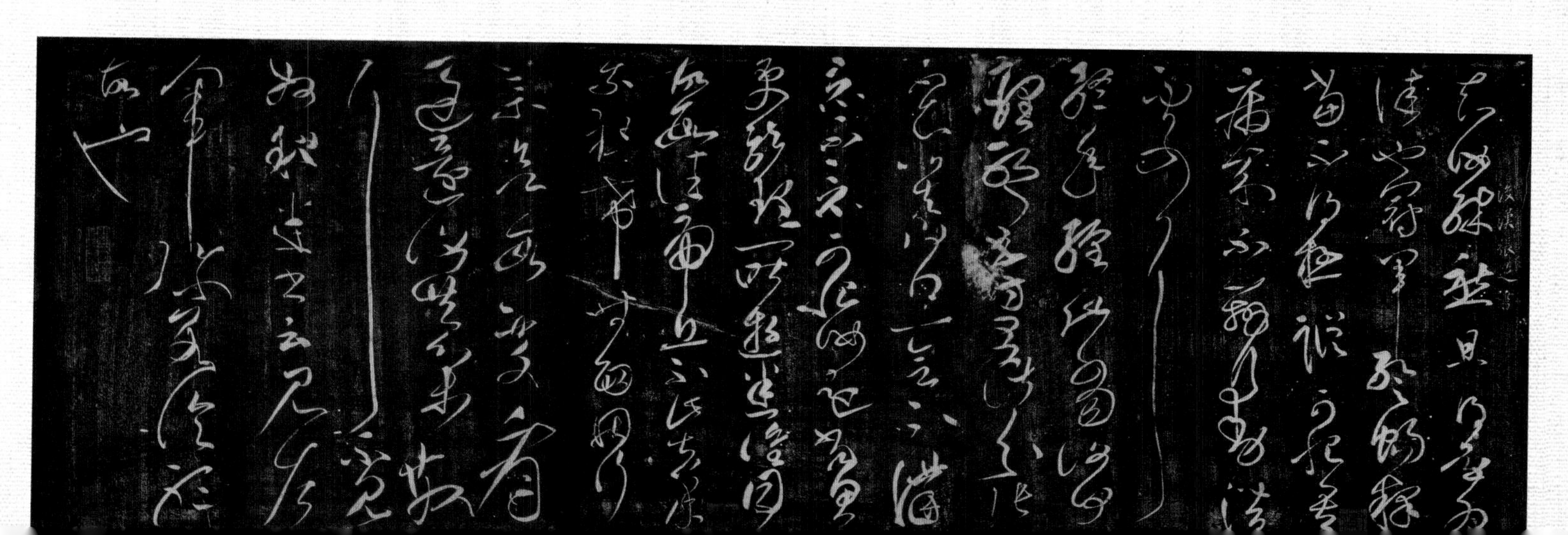

绘画

大唐帝国的前中期阶段，版图广阔，国力雄厚，经济繁荣，为文化繁荣奠定了物质基础。唐代绘画也是中国封建社会绘画的巅峰。

初唐绘画

初唐绘画即显示出不寻常的成就，唐太宗在巩固政权的同时也注意文治建设，阎立德、阎立本兄弟及尉迟乙僧的绘画活动，以及以敦煌220窟为代表的壁画体现着这个时期绘画艺术的最高成就。

初唐时期，政权强大，统治者颇注意利用绘画来为巩固政权服务，歌颂王朝的威德、表彰功臣勋将及一些重大的政治事件，已成为画家们创作的题材。阎立本在高祖武德九年（626年）画的《秦府十八学士图》及后来所画的《永徽朝臣图》都是描绘当时文臣谋士的大型作品。贞观十七年（643年）画的《凌烟阁功臣图》，更是继汉麒麟阁及云台画功臣后为表彰功臣勋将而进行的重要创作。阎立德画的《外国图》《职贡图》，阎立本画的《王会图》等，歌颂了唐王朝的强大及和边远民族政权的友好往来，阎立德的《文成公主降蕃图》及现存阎立本的《步辇图》更直接描绘了唐蕃盟好、文成公主入藏的重大历史事件。

盛唐绘画

高宗李治至玄宗李隆基统治时期，政权昌盛、社会富庶，使绘画领域化出现了丰富多彩、百舸争流的局面，吴道子及其画派体现了佛教美术民族化的巨大成就。钱国养、殷季友、法明等人的肖像画；张萱、杨宁的绮罗人物画；陈闳、韦无忝、曹霸等的鞍马画；李思训、李昭道父子，卢鸿，郑虔等人的山水画；冯绍正、薛稷、姜皎等人的花鸟鹰鹤画等，寓示了题材的扩大。敦煌壁画在此时也发展到繁荣的顶点，莫高窟第130窟的乐庭瓌夫妇大供养像、172窟、217窟之巨幅净土变相，173窟之维摩变相都是宏伟精妙的壁画杰作。

有“画圣”之称的吴道子，生于唐高宗时期，兼擅人物、山水，并吸收了西域画派的技法，画面富于立体感，有“吴带当风”之说。吴道子一生在京洛画寺观壁画300余堵，变相人物，千变万态，奇踪异状，无有同者；他在技巧上也有重要创造，中年以后善用遒劲奔放、变化丰富的莼菜条线描表现高低深斜卷折飘带之势，并于焦墨痕中略施微染，取得天衣飞扬、满壁风动和自然高出缣素的效果，世称为吴装，突破了魏晋初唐的缜丽风格而开辟一代画风，他在宗教中所创的风格样式被称为吴家样。现存的《送子天王图》，据说就是他的作品。

唐代善于描绘皇室贵族肖像及生活景象的画家颇多，宫廷画家陈闳、杨宁以写真著名，周古言多画宫禁岁时行乐之胜，谈皎、李凑工绮罗人物。人物绘画中，张萱以善画“贵公子、鞍马屏幛、宫苑、仕女，名冠于时”。他的作品今已无一遗存，历史上留下两件重要的摹本，即传说是宋徽宗临摹的《虢国夫人游春图》和《捣练图》。

与张萱并称的周舫，留传下来的名作有《簪花仕女图》《挥扇仕女图》等。除善画仕女外，宗教画中也有突出创造，他善画天王和菩萨，尤其是将观音描绘在水月清幽的环境中，创造了“水月观音”这一具有鲜明民族特点的宗教画新样式，一直为后代沿袭，周舫的宗教画风被称为周家样。

唐代仕女画极有特色，强调以形写神。绘画者大都对宫廷贵族妇女生活十分熟悉，因而对贵族妇人及侍女的气质神态把握精确。从设色上可以看出唐代人物画的精髓，用笔纤细，而又不缺弹性，设色清丽艳明对质感的描绘把握非常贴切，细纱衣轻薄透明，肌肤丰韵、白皙，头饰闪亮，多层烘染、罩染、分染相结合和以色代线的手法都开启唐代工笔人物的新风，最重要的一点是唐人比较突出侍女体态的丰腴，因为那时以胖为美。

影响力颇巨的名家还有韩滉，其人工书法，草书得张旭笔法。画远师南朝宋陆探微，擅绘人物及农村风俗景物，所作《五牛图》，元赵孟頫赞为“神气磊落，希世名笔”。韩滉画人物画更为精绝，可惜未有画作留存后世。

表现自然山川大地之美的山水画在隋唐时期发展成为一门独立的画种。李思训、李昭道父子继隋代展子虔之后将青绿山水画提高到新的阶段。李思训的山水画“笔格遒劲，湍濑潺缓，云霞飘渺，时睹神仙之事，然岩岭之幽”，被誉为“国朝第一”；李昭道则“变父之势，妙又过之”，所创《海图》为人称誉，他们的青绿山水臻丽而富有情趣，被后人奉为典范。盛唐时以山水著名的还有王陀子，“善山水幽致，峰峦极佳”“绝迹幽居，古今无比”，时与吴道子并称。又有卢鸿隐居嵩山，谢绝征召不愿出仕，善画山水树石，曾画《草堂图》以明志。郑虔工诗，善书画，尤长于山水，被唐玄宗誉为“郑虔三绝”。诗人王维也以山水画著名，“其画山水树

石，踪似吴生，而风致特出”，晚年隐居蓝田，曾画《辋川图》，表现其所居庄园的优美景色，他的泼墨山水尤为后人称道，他在山水画中更多抒发了以隐居山林为乐的志趣。王宰画山水“出于象外”，唐人记载他画的临江双树松柏“上盘于空，下着于水”“达士所珍，凡目难辨”，具有高雅的情趣。

由于贵族美术的发展，隋唐时代花鸟题材多流行于宫廷及上流社会，用以装饰环境及满足精神欣赏需要。高宗时，薛稷以画鹤著称，尝创六鹤屏风样，当时秘书省壁上就有薛稷画鹤及郎余令画凤凰，被誉为绝艺。德宗时，边鸾善画折枝花鸟，“下笔轻利，用色鲜明”，能“穷羽毛之变态，奋花卉之芳妍”。唐代皇室贵族官僚士人善花鸟者颇多，汉王李元昌善画鹰鹘，滕王李元婴、李湛然以画蜂蝶禽花著称，开元时户部侍郎冯绍正尤善画鹰、鹘、鸡、雉，玄宗时太常卿姜皎亦善画鹰鸟，同州澄城令画鹰鹘“嘴爪纤利，甚得其趣”，又有协律郎萧悦善画一色竹，颇有雅趣，武后时工部郎中殷仲容画花鸟妙得其真，“或用墨色，如兼五彩”，可见在富丽工致的花鸟画发展的同时，已出现用水墨描绘花鸟的表现方法。

安史之乱以后，虽然唐朝国势渐衰，但绘画艺术仍在继续发展。周舫在贵族仕女及宗教壁画的创作实践中，作出了创造性的贡献。生于盛、中唐间的诗人王维也以绘画著名，他精于山水，更以水墨山水画闻名后世。王宰、项容、毕宏、刘商等都是山水名家，边鸾、梁广、刁光胤、滕昌祐精于花鸟，韩干精于画马，戴嵩专工画牛，李渐、李仲和父子画少数民族游猎题材的“蕃人、蕃马”，都各尽其妙。

中晚唐绘画

中晚唐时中原战乱，玄宗、僖宗曾先后去四川避乱，一些画家也陆续入蜀。中唐以后，四川成都逐渐成为绘画中心之一。中原入蜀的名画家有常粲、孙位、张询等。不少画家在成都大圣慈寺等寺观中留下画迹。刁光胤等在四川设帐授徒，有的画家还带去中原画本，在中原绘画艺术的影响下，四川地区有不少画家成长起来，如左全、高道兴、房从真、麻居礼都是宗教画的能手。因此，“蜀虽僻远，而画手独多于四方”，为五代时期西蜀绘画的繁荣打下了基础。

江南地区的绘画此时也处于发展之中，朱审得山水之妙，驰名南北，他所画卷轴障壁“家藏户珍”；张志和，号烟波钓徒，自为渔歌并画为卷帙。

中晚唐之际著名的山水画家还有项容、杨炎、顾况、刘商等，另有王墨善泼墨山水，酒醉后以墨泼于绢上，脚蹙手抹，或挥或扫，或淡或浓，随其形状画为山石云水风雨云霞；又有李灵省善画山水树石，皆一点一抹便得其象，形象情趣颇足；他们都不是按常法作画，因而被视为逸格。专长楼阁的画家有尹继昭，曾画《姑苏台》《阿房宫》等，他是将界画作为专门题材的重要先驱者。晚唐时荆浩隐居于太行山，善画北方山川的壮美景色，开启了五代山水画的新阶段。

唐代绘画气势宏伟，成就辉煌，对后世的绘画影响颇深。

壁画

魏晋兴起的佛教画在隋唐时达到极盛，当时宫殿、衙署、厅堂、寺观、石窟、墓室都有壁画装饰。它既继承了汉魏传统，又融合了西域等外来的绘画成就，艺术上发展得更为成熟。唐代壁画题材由图绘人物及佛道故事扩大到山水、花竹、禽兽等方面，内容及技巧均大大超过前代。隋唐时期的宗教壁画创作出现高潮，遍布各地的大量寺观中皆有壁画，长安、洛阳两地寺观壁画大都是名画家的手笔。唐代道释画兴盛，重要人物画家皆擅宗教壁画。阎立本、吴道子等都受张僧繇影响而各有创造。遗憾的是在历史的更迭中，佛庙的壁画大多已经损毁，但石窟壁画却有很大部分遗存下来，其数量和艺术高度都大大超过往代。

由于国力强盛，丝绸之路的畅通无阻，中原文化与西域文化的交流，新疆地区克孜尔石窟、库木吐喇石窟及森木塞姆石窟的壁画更加精美，并有着鲜明的地域特色。敦煌莫高窟壁画在唐代达到繁盛的顶点，现存唐窟200多个，几乎占现存全部石窟的半数，其中大型洞窟，如初唐220窟、217窟，盛唐103窟、130窟等，以其壁画规模之宏伟，内容之丰富，造型之准确，色彩之灿烂著称于世，非其他时代所能比拟。大幅的经变画，特别是大量的西方净土变相，以巨大的场景画出楼台殿阁、七宝莲池、歌舞伎乐等一切美好的景物，展现了唐代繁荣富庶的社会景象。弥勒经变、法华经变、观音普门品等壁画中画出了行旅、嫁娶、农耕、收获等大量生活场景，壁画中创造了佛、菩萨、弟子、天王等栩栩如生的形象，飞天凌空飞舞，尤具有浪漫主义色彩。

雕塑

唐代雕塑艺术整体发展，并达到了中国封建社会雕塑史上的顶峰。唐代国富民强，对墓俑、造像等雕塑品的需求量很高。当时国家工程管理机构，可以集中全国的人力、物力来建设石窟、庙堂、陵墓等大型工程。在这些工程中，雕塑是必不可少的组成部分，雕塑艺术的发展由此获得了雄厚的物质基础。加之唐代社会风气开放，人们思想活跃，精神相对解放，雕塑艺术因此也十分富于想象力和创造性。雕塑的门类发展有陵墓雕刻、随葬俑群、宗教造像等，各门类发展平衡，技术趋于完善，其完整性是后来各朝代未能企及的。

唐代初期，雕塑艺术的风格既有南北朝的延续，又结合了新的因素，具有明显的过渡性特征。盛唐时代的文化发展昌盛，政治、经济发展到最高峰，在这种环境下雕塑艺术出现了“曹吴二体，学者所宗，雕塑铸像，亦本曹吴”“外师造化，中得心源”等说法。其含义是说吴道子和曹仲达在雕塑上的成就，也是后人无可比拟的。据说这时期汴州相国寺排云阁的文殊、维摩菩萨就是吴道子所塑。

中国佛教造像在魏晋南北朝以前，是以印度人的形象作为佛教造像，自己的雕塑造像都趋于写意。到了唐代，又由于社会风气开放，雕塑艺术也极具想象力和创造性，雕塑在融入外国风格后转化成中国人的形象，就渐渐形成了自己的独特风格。

唐代佛教雕塑在统治阶级的支持下发展起来，特别是在武则天的提倡下，很多人都信仰佛教，开凿石窟开始盛行。唐代敦煌莫高窟是佛教雕塑规模最大的地方，现在到莫高窟可以看到的唐代雕塑也占所有雕塑的三分之一。从敦煌飞天的发展其实也可以看出唐代雕塑艺术的日趋民族化。比如敦煌北魏飞天形体玲珑，在石窟上空势如飞鹤，但线条粗犷愚钝。而到了隋朝，飞天基本上都是头戴宝冠，上半身半裸，身上披彩带，飞天的肤色，也由红变黑，绕窟飞翔最典型的是天女散花型。到了唐代飞天已经将外来的艺术形式巧妙地融入了自己民族风格，形成了自己艺术上的独特风格，飞天飞绕在洞窟周围犹如在天空飞翔，有的脚踏祥云，如同从天而降；也继承隋朝天女散花式样，手托花盘，将

花瓣洒落天空。她们的衣裙朝一个方向有动感，显得那么轻盈、美丽动人。与前代相比，风格更加民族化，从而推动了雕塑艺术的民族化风格发展。

唐代菩萨造像也开始有明显的世俗化倾向。菩萨雕塑很多以女性形象来表达佛温文柔和、慈悲为怀的特质。形体依据一种“三道弯”的躯体造型节奏来塑造，雕塑姿体挺秀丰满，面部表情生动，而且造型比例准确，姿态非常生动，轮廓曲线富于变化，体现了人世间的风情。唐代佛的世界像是一派丰腴的世界，佛、菩萨、力士、供养人中，除了力士是体健如牛的男人风格外，其他无不丰肩满胸、手肥腰柔，以丰厚的形体来呈现体态。这也体现了唐代人“以胖为美”的审美价值观。这种现实化的审美价值趋向，也体现出唐代人的自信，以及对美好生活的眷恋。

唐代的佛教造像更加注重人物雕塑的生动性和人物的性格，注重群塑人物之间的差异，把握人物之间的关系，因而更为生动。唐代有位雕塑大家名为杨惠之，后人誉之为“塑圣”。千手观音就是他的首创，手拿许多法器救助百姓的神以女人形象出现，使人们更加容易接受佛教的教诲，更加相信佛教的善意。蓝田县水陆庵大殿内的彩色泥塑，造形精美、神态生动，据说出自杨惠之之手。

唐代还留下了许多优秀作品，令人叹为观止。敦煌、龙门、麦积山和炳灵寺石窟都是在唐朝时步入全盛。龙门石窟的卢舍那大佛和四川乐山大佛都令人赞叹。昭陵六骏、墓葬三彩陶俑精湛华美。

大足石刻位于重庆大足县境内，有唐宋以来石刻造像100余处，6万余尊，总称大足石刻。其中以北山、宝顶山摩崖造像规模最大、最集中、最为壮观。北山摩崖造像，创于晚唐，历经五代、两宋，雕刻诸佛、菩萨等，造像近万尊，以精美典雅著称于世。唐代人物形象端庄丰满，气质浑厚；五代雕塑精巧玲珑，神情潇洒；宋代作品体态优美，比例匀称，穿戴艳丽。刻工精湛，人神合璧。宝顶山摩崖造像，建于南宋（1179—1249年），是我国唯一现存的石雕佛教密宗道场。

龙门石窟的奉先寺大卢舍那像龛气势宏伟，雕琢精湛，唐高宗李治上元二年（675年）完成，是龙门唐代石窟中规模最大、艺术精美而具有代表性的重要石窟。主像卢舍那大佛通高17.14米，面容丰满秀丽，双目宁静，嘴角微露笑意。两旁迦叶肃穆持重，阿难温顺虔诚，菩萨端严矜持，天王蹙眉怒目，力士雄强威武。奉先寺群像的布局，形象的赌徒，神情的刻绘，都达到了形神兼备的效果，体现出唐代雕塑艺术的高度成就。

昭陵的石雕艺术颇有创新。精美的“昭陵六骏”浮雕，是其中最负盛名的作品。曾有诗云：“秦王铁骑取天下，六骏功高画亦优”。这六匹骏马，曾是唐太宗李世民南征北战打天下时的坐骑，立有战功，李世民为纪念他心爱的战马，诏令将六匹马雕刻成“六骏”。

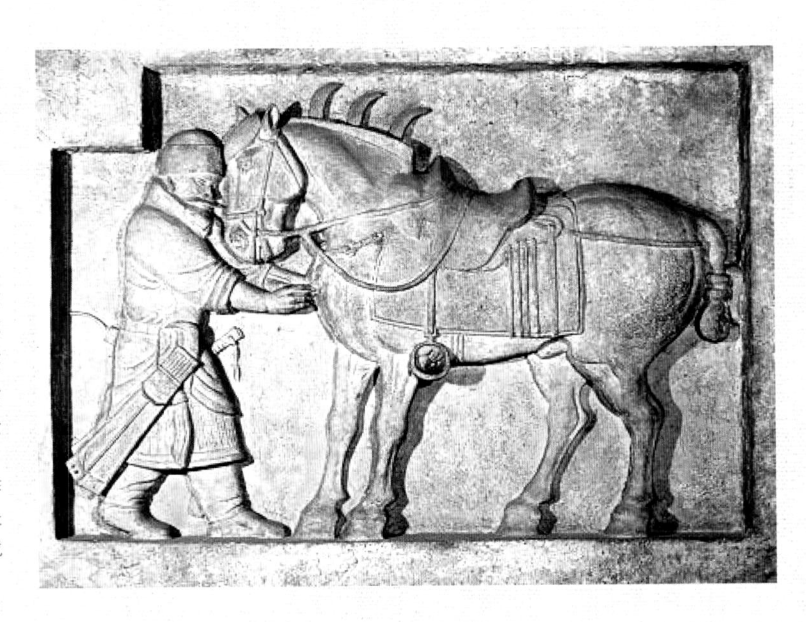

瓷器

唐代瓷器的制作水平大幅提高，瓷器的使用也更为普及，瓷制的茶具、餐具、酒具、文具、玩具、乐器以及日常用的瓶、壶、罐等各种器皿，几乎无处不在。瓷器的器类品种与造型新颖多样，制作精细，远远超越了前代。唐代饮茶之风盛行，促进了茶具的发展。唐代陆上和海上的对外贸易也促使了瓷器的发展，当时出口商品中除著名的丝绸外，瓷器也随之销往国外。为适应外销的需要，以及西亚文化的影响，瓷器的造型、文饰也吸取了一些外来的因素。

唐代瓷器中最著名的是青瓷与白瓷，其光洁如玉、蕙质秀雅在那个时代分别用“类冰、类雪”来形容，并形成了以浙江越窑为代表的青瓷和以河北邢窑为代表的白瓷两大瓷窑系统，一般以“南青北白”概称之。

白瓷洁白如玉，色泽胜雪，从唐代瓷器中可见一斑。古人好玉，凡事不是喜其华丽，而是喜其清洁如冰，进一步引申为人的性情德行如白璧无瑕，清洁不染，清凉无为。这点和后期崇尚繁琐奢侈的华而不实有着本质上的区别。

相对于白瓷，唐代的青瓷在特色和艺术性上更为知名，其美感、质感和光泽程度确实要比白瓷更为优秀。从青瓷过渡到白瓷，经历了一个漫长的过程，原因就是白瓷烧制必须有效控制胎和釉中的含铁量，含铁量越高，颜色就越深，由绿逐渐到黑；反之，含铁量越低，去得越干净，颜色越白。

唐代的瓷器不仅光洁玉润，象征着人性的饱满和谐，色调上更好用冷色调，清雅而不浮夸，从某种意义上说，也能反映出当时儒道中清谈无为，不与世争，戒骄戒躁的人文精神本质。在器形上也多崇尚大气圆和。在茶具上，唐宋茶具多以托盏、托杯为主，直接影响到日韩，而后来的茶具，多倾向于盖碗，明清式提梁壶，紫砂，因此也很少见到唐宋时期的茶具样式了。

除了青瓷、白瓷外，唐代常见的还有秘色、黄釉等瓷器，器物更多以玉为主，充分说明了那时人们对玉的偏爱。秘色瓷，不仅色泽如冰，更因为其光洁到碗底如盛满水般而为人所知。唐代的黄釉，虽为亮色，但也不像后世那般亮到刺人之目，过分夸张色泽，显得不自然，相反更平和淡雅些，看上去就如同清玉般，足以以假乱真。

唐代陆羽的《茶经》把越州窑、邢州窑、岳州窑、鼎州窑、婺州窑（物）、洪州窑、寿州窑列为古代七大名窑。

各色瓷器中，碗是生产量最大的一种日常生活用器，南北各地瓷窑都普遍烧制，形制也大体相同。唐初的碗深腹、直口、平底，较多保留隋碗的造型。另一种碗近似钵形，但体积小，器壁一般较厚重。唐代中期，开始出现一种身浅、敞口外撇、玉璧形底足的碗。晚唐以后这种碗式大量出现，碗的胎壁从厚重逐渐转趋轻薄，从玉璧形底向宽圈足方向发展。这种碗式的流行，与唐代饮茶之风盛行有直接关系，唐代称这种碗作“茶瓯”。越窑茶托的托口一般较矮，浙江宁波市出土的一批唐代越窑青瓷茶碗中，还有碗托连烧的。有的茶托口沿卷曲作荷叶状，茶碗则作花瓣形，非常和谐，再加上越窑翠青的釉色而更显雅致，所以唐末诗人徐夕寅将茶和盛茶的茶具比为“嫩花涵露”，是绝妙的描述。刑窑白瓷壶与玉璧形底的碗、盏托等与越窑所生产的大体相同，都具有共同的时代特征。

瓷砚多为圆形，魏晋时期多具三、四、五、六不等的蹄足。隋代除蹄足外还有珠足和滴足。唐代瓷砚则向多足、镂孔圈足发展。砚面较前代更向上凸起。唐代南北各窑均产砚，有大有小，小者数厘米，大者近尺，这与唐代书法艺术的普及有关。

唐代陶瓷器也受到了西亚波斯文化的影响。故宫博物院收藏一件龙柄凤头壶，造型巧妙，器身堆贴瑰丽文饰，壶盖塑成一个高冠、大眼、尖嘴的凤头，与壶口相合，由口沿平底部连以形状生动活泼的蟠龙柄，这是唐以前所未见的新样式。

唐代的瓷器，华丽中透着典雅，典雅中又不忘增添几分光华与锋芒，所以，典雅与华美，在唐时期的瓷器艺术上，才完全做到了相辅相成，相得益彰。

唐三彩

唐三彩是唐代彩色釉陶的总称，由于它的烧制始于唐代，所烧作品用得最多的色彩是黄、绿、白三种颜色，所以被称为唐三彩。实际上，它所用的色彩还包括蓝、赭、紫、黑等。甚至有的器物只具有上述色彩中的一种或两种，大家还是将之统称为“唐三彩”。

唐三彩吸取了中国国画、雕塑等工艺美术的特点，采用堆贴、刻画等形式的装饰图案，线条粗犷有力。唐三彩在色彩的相互辉映中，显出堂皇富丽的艺术魅力。唐三彩是一种多色彩的低温釉陶器，因为它的胎质松脆，防水性能差，所以唐三彩用于随葬，作为冥器，实用性远不如当时已经出现的青瓷和白瓷。唐三彩主要分布在长安和洛阳两地，在长安的称西窑，在洛阳的则称东窑。

唐代的唐三彩俑人雕塑可说是反映当时百姓生活的典型，达到了中国古代写实人物雕塑艺术的高峰。这与当时的丧葬风密不可分。唐代是中国封建王朝最早对陵墓制造的等级，随葬品的摆放顺序与主人的身份划分有明确规定的时代。大批贵族、大臣、王室人员死后，厚葬成风，人俑、动物俑成为陪葬的最主要物品，这种风俗影响到百姓。唐三彩釉色主要以褐黄、土红、翠绿为主。夹杂白、蓝、红、淡青和黑等色彩。造型精致，釉色斑斓，反映了人物、动物的生气勃勃的形象，为古代雕塑艺术的珍品。因此，唐三彩俑塑在我国雕塑艺术史上是非常重要的。

唐三彩雕塑中对人物、动物的造型可以说已经达到了相当高的水平，唐三彩表现各种动态的骆驼、牛、马、羊等动物和仕女、普通百姓甚至胡人，雕塑者了解掌握动物人物的结构比例，赋予创作的雕塑作品更高的精神气质。在丝绸之路开放以前，骆驼是西域的交通工具，中国没有骆驼这种动物，而骆驼在唐代的对外交流中是主要的运载工具。因此骆驼这种外来物与马一起成了唐三彩中经常出现的动物，且被做得形神兼备。

音乐和歌舞

唐代统治者奉行开放政策，勇于吸收外来文化，加上魏晋以来已经孕育着的各族音乐文化融合的基础，因而在音乐上也达到了全面发展的高峰。唐代音乐大体可分为三类：一是汉魏以来东雅乐，是为帝王歌功颂德的庙堂乐章，结构板中，旋律较少变化；二是六朝清乐，主题是相和大曲与江南的吴声俚曲，较雅乐活泼新鲜，只是情调较为单一软媚，囿于男女情爱，大部分已散失不传；三是隋唐新兴的燕乐，它是广泛吸收边塞、西域（含中亚，印度等地）乐曲和中原原有乐曲融合而成的一个新的乐曲系统，较之雅乐、清乐、燕乐丰富多彩，面貌繁盛，情调丰富，旋律节奏灵活多变。

唐代宫廷宴享的音乐，称为“燕乐”。唐初在隋九部乐的基础上，加以发展完备，形成“十部乐”。即：燕乐、清乐、西凉乐、龟兹乐、安国乐、疏勒乐、高昌乐、康国乐、天竺乐、高丽乐。其中除燕乐、清乐、高丽乐外，其余全是西域音乐。此外，设于乐署而未列入十部的西域乐还有于阗乐、悦般乐和伊州乐等。可见，少数民族及外国乐舞对唐代乐舞的发展，有着至关重要的影响。

唐代歌舞一般分为“健舞”和“软舞”两大类。在中国史书上亦有武舞与文舞之称谓。音乐歌舞创作中最广为流传的故事应该是唐玄宗李隆基创作的《霓裳羽衣舞》，属于软舞。传说《霓裳羽衣曲》是玄宗吸收了部分印度《婆罗门曲》改编而成的。杨贵妃是首先将乐曲编成舞蹈的人，她的绝妙舞姿和许多诗人的咏叹，使得《霓裳羽衣》享有盛誉，历久不衰。白居易《霓裳羽衣歌》中描绘到：“飘然轻旋回雪轻，嫣然纵送游龙惊。小垂手后柳无力，斜曳裙时云欲生。”《长恨歌》中写到：“骊宫高处入青云，仙乐风飘处处闻”。玄宗在梨园令宫女习歌舞；在教坊令乐工习奏乐器，直至今日，大家还是将“梨园”专指唱戏之所，而唐玄宗本人，更是被戏曲界尊为祖师。

《秦王破阵》属于健舞，即武舞，用来模拟战阵的动作，是歌颂唐太宗的武功的。它的音乐曲调受西域影响很深，所以《旧唐书·音乐志》介绍说：“秦王破阵乐舞杂以龟兹之声，声震百里，动荡山谷……发扬蹈厉，声韵慷慨。”《秦王破阵》富有浓厚的战斗气息和雄壮气势，由一百二十人披甲执戟而舞，进退节奏，战斗击刺，都合着歌唱的拍节，它是中国历史上规模最宏大、气势最壮阔的西域乐舞。

在唐代，群众性歌舞活动非常兴盛。《敦煌掇琐》抄录的敦煌舞谱，说明唐时期敦煌的民间舞蹈形式已经相当丰富多彩，已经能够用舞蹈动作来表达人们丰富多彩的娱乐情感。敦煌莫高窟洞窟壁画中有很多音乐舞蹈图，其中有龟兹舞、胡旋舞、柘枝舞、琵琶舞、本俗舞等。本俗舞为敦煌民间盛行的舞蹈，其他舞蹈皆为外来音乐舞蹈形式，但大多又经过了加工改造，融进了中国中原文化和敦煌本地文化的内容和形式。

西域乐舞盛行与唐代整体文化艺术的繁荣昌盛密不可分。唐诗的发展，与西域乐舞的传播流行有巨大的互动作用。西域乐舞流播中土最初有声而无辞，其后逐渐赢得人们的喜爱，同时唐代近体诗勃兴，乐工歌手们便将诗人之作填入曲中歌唱。至盛唐诗歌与唐诗交相辉映，相得益彰。西域乐舞的胜行推动了五、七绝句和律诗的发展，而唐诗为有声无辞的西域乐舞填入优美高雅、深邃感人的意境和情景。西域乐舞还丰富了绘画、雕塑等艺术创作的题材，可以在宗教寺庙、墓室、石窟中看到多姿多彩的舞蹈画面。

人们对歌舞艺术十分珍视，也出现了不少名家，比如公孙大娘。杜甫的诗中就描述了她精湛的舞蹈，“昔有佳人公孙氏，一舞剑器动四方。观者如山色沮丧，天地为之久低昂。㸌如羿射九日落，矫如群帝骖龙翔。来如雷霆收震怒，罢如江海凝清光。”安史之乱后，内府乐工李龟年流落江南，杜甫与之巧遇，就曾写下了《江南逢李龟年》：“岐王宅里寻常见，崔九堂前几度闻。正是江南好风景，落花时节又逢君。”可见人们对歌舞管弦的喜爱程度。而李白的诗、裴寂的剑、张旭的书，更被人们称为“三绝”。

唐代如此众多的艺术形式都成为中国封建社会的一个巅峰，这和唐代国家富强，百姓富足，生产力和创造力得到大大激发是分不开的。唐代开放的政治环境和“丝绸之路”的畅通，使唐代的外交空前的繁荣，唐王朝同世界各国进行着经济文化交流，其规模、层次和力度都堪称中国古代之最，把外国文化融入中国自己的风格，大唐文化也因此而显示其强烈的包容性。它以海纳百川的胸襟吸取各国各民族的艺术养分，演化成自己的艺术风格，最终形成了光耀千古的大唐文化。

参考资料：
百度百科
百度知道
唐代美学，作者王明居，安徽大学出版社
张旭和怀素狂草特点之比较
隋唐绘画
浅谈中国唐代雕塑艺术
从《长恨歌》感受盛唐之歌（二）
西域乐舞对唐代文化的影响

目录
Contents

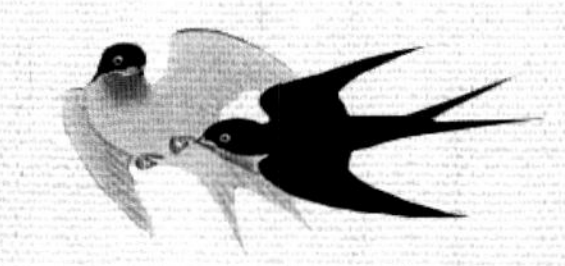

住宅空间 Living Space

会所与酒店 Club and Hotel

住宅空间

Living Space

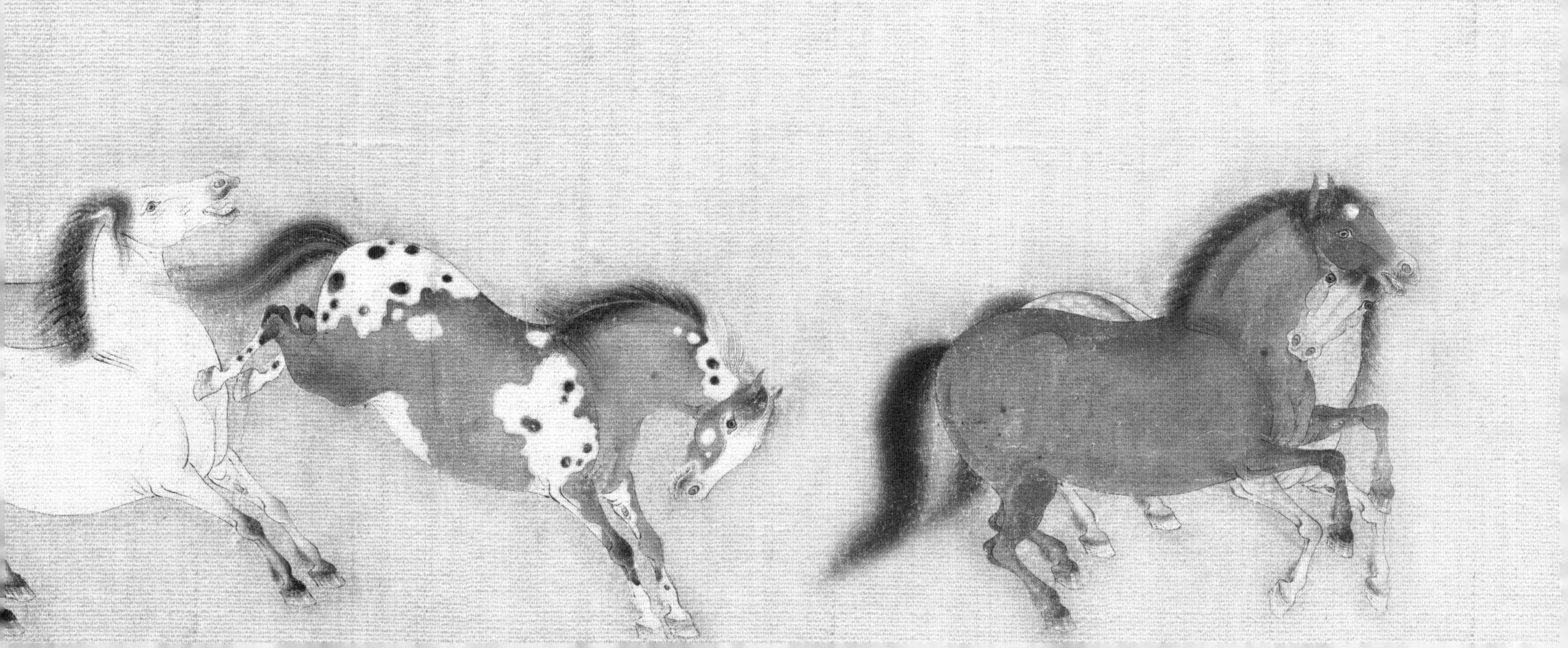

以形写意，意达境美

Ease of Heart, Desire of Aesthetics

项目名称：北京鲁能钓鱼台美高梅别墅
软装设计：LSDCASA 设计一部
项目面积：660 m^2

设计的形与意

在中国古代诗歌中，“意象”是个绕不开的词。对“象”赋予“意”，将一个个意象按照美的规律，组成有机的、有时空距离的、有层次感的画面，使其连贯、对比、烘托或共振，以展示场景、以传达感情。

实际上，设计也是如此。只不过，设计“诗”的“象”，成了可被解读的符号、元素、物件、规律，即我们所说的“形”，通过形的组合，去表达思考、哲学或情感。

鲁能项目坐镇三环中轴，天坛正南，项目规划效法紫禁城，园林灵感还原乾隆花园——LSD 解读它的形，是传统、是中式、是“皇味十足”；LSD 解读它的意，是礼序、是尊重、是不世俗。

以形写意也好，以意达境也好，最首要的任务，是在做好传承的同时，对话时代。

雄浑
司空图

大用外腓，
真体内充。
反虚入浑，
积健为雄。
具备万物，
横绝太空。
荒荒油云，
寥寥长风。
超以象外，
得其环中。
持之匪强，
来之无穷。

倦勤齋

“谈笑有鸿儒，往来无白丁”——会客

步入客厅，莫里加的《夜溪》在一瞬间即能摄取你的心魄，他笔下的山峦、气象万千、延展出无穷无尽的意象。一深一浅两座长沙发、与地毯的跳脱形成对比。一组小叶紫檀南官帽椅、价值非凡却又内敛沉静、所谓“大音希声”也许正是如此。一旁的偏厅、罗汉榻、三才碗、玉制盆器等浓重传统元素加入岁寒三友松、竹、梅的点缀，还原魏晋文人待客、清谈之场景，缎面的纹路、挂画的古朴色彩与窗帘地毯的用色相得益彰。

餐厅延展客厅的中轴对称，享受同样的奢侈尺度。值得一提的是，餐椅椅背的

手工刺绣，由苏州绣娘一针一线织就而成——用金线、丝线两种线按纹样外缘逐步向内铺扎盘出龙图案，层层叠叠地铺就，十分讲究。餐厅吊灯来自 Mathieu Lustrerie，暖色的灯光透过青铜与水晶质面，映衬在描金漆餐具之上，粼粼微光，营造出大气、贵重的氛围。

“万卷皆生欢喜”——书房

明代吴从先在《赏心乐事》中，谈到理想中的书房——“斋欲深，槛欲曲，树欲疏，榻上欲有烟云气，万卷皆生欢喜，阆苑仙洞不足羡”，我们将这一切搬到了现实中。打通负二、负三层作为书房，一面挑高 6.5 米的书墙，可藏书 6 000 余本，凝聚着书香门第世代相传的智慧。

案上设有笔墨纸砚，安放主人随性而起的诗意，更以香炉焚香静气，为书案萦绕烟云。以竹柏作陪，架上藏纳古物雅玩。

案前放置四樽石墩，其材料为木化石，是上亿年的树木被迅速埋葬地下后，木质部分被改变而形成的遗世孤品。它保留树木的纹理和形态，略加打磨，大小不一却更见情致，放置于古朴的地毯之上，仿佛从中生长出来一般。

位于楼梯底部的休闲区，专属于别墅的男主人，其中的地毯仿若一幅巨大的山水画，为整个空间的风格定调；金属环形吊灯，与金属圆几相映成趣。作为社交空间，这里更私藏了主人游历四方的珍贵记忆。

顺着楼梯循级而下，6 米长的云石吊灯光影如泻，石屏上幻化的肌理，犹如一幅幅精美山水画，顺着山水的纹路，透出朦朦胧胧的光如数千年的文化长河，倾泻于底下的一组太湖石之上。

NICOLE MALONEY RARE
NICOLE MALONEY RARE

“寒夜客来茶代酒，竹炉汤沸火初红”——禅茶

以茶待客，乃古代人情交际的礼节，它为友人之间带来一种清幽隽永的意境，更被视为风雅之事。故此，负一层设禅茶室，供长日清谈、寒宵兀坐。

这里还原了苏轼闲居蜀山时的茶室，正对院竹，“茅屋一间，修竹数竿，小石一块，可以烹茶，可以留客也。”茶室仅设二席，远可观竹，近可对诗，是为“一盏清茗酬知音”。

“可以调素琴，阅金经”——香道琴房

斋中抚琴，也是文人的一种雅好。负一层的香道琴房，是抚琴、冥思的最佳场所。古人视琴如格，有十善、十诫、五不弹，如于尘市不弹、对俗子不弹、不衣冠不弹等，对环境及自身的要求都极高，或地清境绝，或雅室焚香。故此，香道琴房设雅席、设香炉，以诗词入画，透着纱质窗帘，院中芭蕉隐隐点缀，正应了“芭蕉叶下雨弹琴”的闲适意境。

“和而不同，各得其所”——居室

大面积的金箔画与静气内敛的深色系为主卧渲染基调，铜器的光泽穿插点缀，透过镂空的木质屏风，漏下了点点滴滴的夕阳余晖，映照在浓绿的枝叶上，为卧室书写出了庭院的意趣。

“推半窗明月，卧一榻清风”。自汉末以来，文人雅士必备一榻，以竹榻、石榻、木榻来表示自己的清高和定性，主卧一侧的罗汉榻，用以安放闲适的身心，展经史，阅书画，或倚坐抚琴，或睡卧闻香，案上搁放的珐琅古物与雅玩，更增添几分风雅妙趣。

所谓秋敛冬藏，客房用深灰的沉稳静默，搭配墨绿的淡泊质朴，整个居室的秉性就在这样的基调中游走。金属质感的摆件，呼应青铜吊灯，在古朴的淡泊中透着一丝岁月沉淀的美感。

三楼是孩子们的秘密游乐园，以阴阳分布的男左女右，安置了男孩房、女孩房。男孩房追求时尚的跳脱，以黑与白作为主色调，穿插在空间的大展示面与细节中。线条随意抽象交织的地毯，铺就整个空间活泼生动的气氛。

女孩房以优雅的灰色搭配恬静的紫色，金属的质感在边几与吊灯之间遥相呼应。豆沙绿与白纱组合的窗帘，在微风下细细撩动，能否装下谁的一帘幽梦？

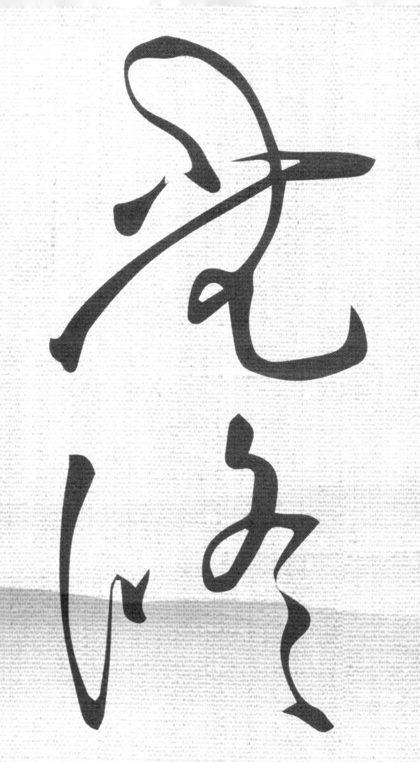

桃花源里的诗与远方

The Peach Garden, the Hometown

项目名称：九间堂
设计公司：KLID 达观国际设计事务所
设 计 师：凌子达、杨家瑀
项目面积：800 m²
项目地点：江苏南京

古有桃花源，隐蔽之深，引无数文人志士尽驱之。闻其芳草鲜美，落英缤纷，屋舍俨然，阡陌交通。今金陵有家九间堂，堪比古时桃花源。该建筑借用桃花林的"诗意栖居"理念，并传承其神秘、唯美、宜居的特质，传达出人文与自然完美结合的意境。

此建筑坐落于六朝古都，出自设计师凌子达先生之手。大宅营建之精髓，在于人境与物境的平衡相融。设计师在创作时，从居住者的价值观、世界观角度出发，升华传统中式住宅格局与装饰，融合现代艺术灵感，以世界豪宅考究之标准，打造雍容尺度的园囿庭院，藏纳天下气度的正厅，全家族套房规制，与暖光闲适中庭。每一处的精心雕琢，都为表达当代东方艺术的革新，呈现自由随心的品质生活。

该建筑总共三层，地下空间主要为公共空间，动静结合，既有用于强身健体的现代健身房，也有静谧雅致的新中式书房，让忙碌的都市生活也可存留一片琴棋书画之地。这便是所谓的诗和远方吧！地上空间则承载着居住者的基本生活起居功能，较为私密和清幽。

该设计利用得天独厚的自然景观，结合东方设计元素，因地制宜，创造如诗如画的舒适意境，给居住者带来心灵的安抚，继而享受半刻的羽化飞仙。

冲淡
司空图

素处以默，
妙机其微。
饮之太和，
独鹤与飞。
犹之惠风，
荏苒在衣。
阅音修篁，
美曰载归。
遇之匪深，
即之愈稀。
脱有形似，
握手已违。

一念姑苏

Suzhou in Memory

项目名称：建邦·原香溪谷样板间
设计公司：成象设计

树花如缀，远山青黛含翠；
清风徐来，天光云影徘徊。
纳千钧之灵水，收四时之烂漫，
把空间留给自然，
是为了等待时节的流转。
烟云为笔墨，闲卧看山水，
洒了一片青，又罩了一层蓝，
黑白浓淡，青绿晕染，
指下临摹宋画的工笔，
似乎看得到山间雾岚，
闻得到林间湿气。

案上望山川，
枕畔闻虫鸣，
邀一对青山入座，
请半潭清水烹茶，
山林之趣，
不在远离红尘的山水之间，
胸中有丘壑，于闹市也可造一处桃花源。
时光若古，几块玲珑的石头，虚静恬然。
隔而不隔，界而未界，留白处亦别有意蕴。
乍听啁啁啾啾声，疑是林中鸟儿鸣。
松风竹炉，提壶相呼，酒染诗情，醉时方吐胸中墨。

四时插花，树痕掩映，自得天然画意。
暖香一柱，恍若一梦，身在清净地，一切听风去。
邀风声研墨，纳朴雅以逸志，只需一支笔，心性便可恣意挥洒。
一叶松风竞烂漫，乘物以游心。
光影悠幽倚窗纹，古人之雅兴尽显。
一时兴起，质朴与清雅惺惺相惜，只一角落，便可观山水大气象。
境由心造，物与神游，借一支笔墨长篙，墙上便可满载行云流水。

纤秾
司空图

采采流水，
蓬蓬远春。
窈窕深谷，
时见美人。
碧桃满树，
风日水滨。
柳阴路曲，
流莺比邻。
乘之愈往，
识之愈真。
如将不尽，
与古为新。

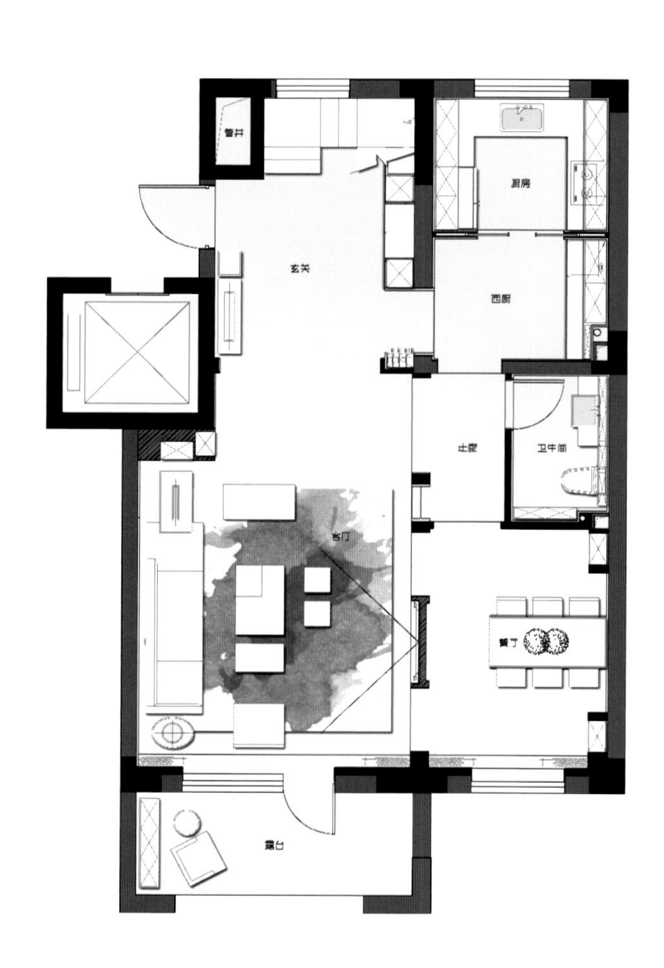
管井
玄关
厨房
西厨
卫生间
客厅
餐厅
露台

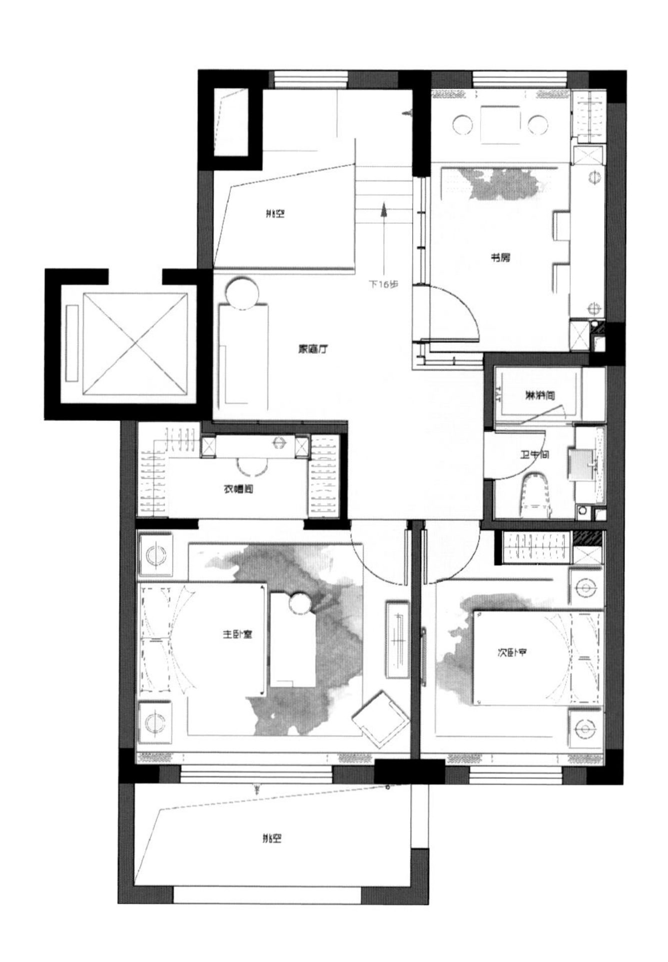
挑空
书房
下16步
家庭厅
淋浴间
卫生间
衣帽间
主卧室
次卧室
挑空

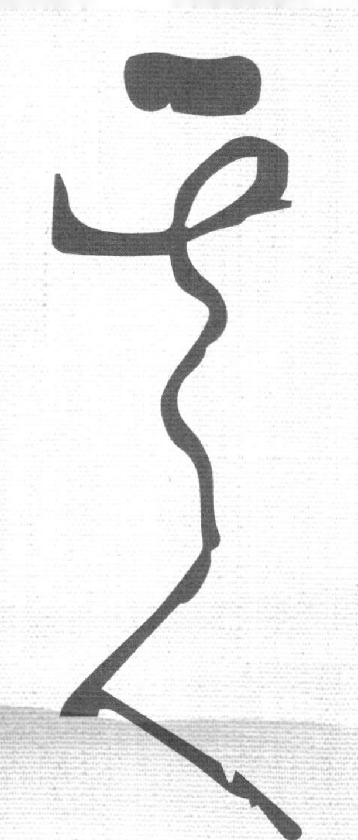

锦瑟弦动思华年，蓝田日暖玉生烟

Music Reminiscent of the Past, Sunlight Stimulating Smoky Jade

项目名称：东莞鼎峰源著别墅
设计公司：李益中空间设计
硬装设计：李益中、范宜华、关观泉
软装设计：熊灿、欧雪婷、欧阳丽珍
施工图设计：叶增辉、张浩、王群波、高兴武、胡鹏
项目面积：500 m²
主要材料：欧亚木纹大理石、木地板、蓝色妖姬大理石、皮革、木饰面、墙纸、硬包、夹丝玻璃、清水玉

鼎峰源著别墅位于东莞市南城区五环路边（迎宾公园对面），依临东莞植物园，独拥东莞核心城区绝无仅有的“欧洲版”，绿色山水资源具有独特的自然地理环境。

按照南中国顶级山水豪宅标准建造，该项目刷新了新东莞的城央山水豪宅标杆。

设计师围绕“资源利用最大化，人性化设计，核心空间，项目建筑与周边景观，室内外过渡空间利用”这几大方面来分析该户型，打造了一个注重品位，彰显高品质的四层豪宅。

在结构设计方面，设计师认为房子的结构就像人的骨架，必须量体裁衣。不同的人有不同的穿衣风格，不同的空间也应有与之相对应的风格面貌，因此将之定位为富有东方韵味的山水豪宅。

设计师在前期设计时考虑到户型方正、空间利用率高，负一层是个相对独立而轻松的空间，特地将这栋豪宅的负一层设计为家庭厅、书画区、酒水吧、斯诺克、茶艺、收藏室、公卫、工人房、洗衣房和储藏间。

第一层为门廊、玄关、车库、偏厅、公卫、客厅、餐厅、厨房、过厅、露台和天井；第二层为父母套房、男孩套房、女孩套房、小家庭厅和阳台。第三层则为主人套房、休闲露台、书房和过厅。设计师将露台纳入主卧使用，扩大了主卧的景观面积，同时增添了生活的趣味性。

设计师以现代设计手法，简洁而丰富的理念为基础，应运干练利落的色调，追求形式简练的统一，同时注重舒适性，强调设计感。探索对东方元素的吸取与创新，营造一个具有东方文化气息和现代都市并存的空间。

沉着
司空图

绿杉野屋，
落日气清。
脱巾独步，
时闻鸟声。
鸿雁不来，
之子远行。
所思不远，
若为平生。
海风碧云，
夜渚月明。
如有佳语，
大河前横。

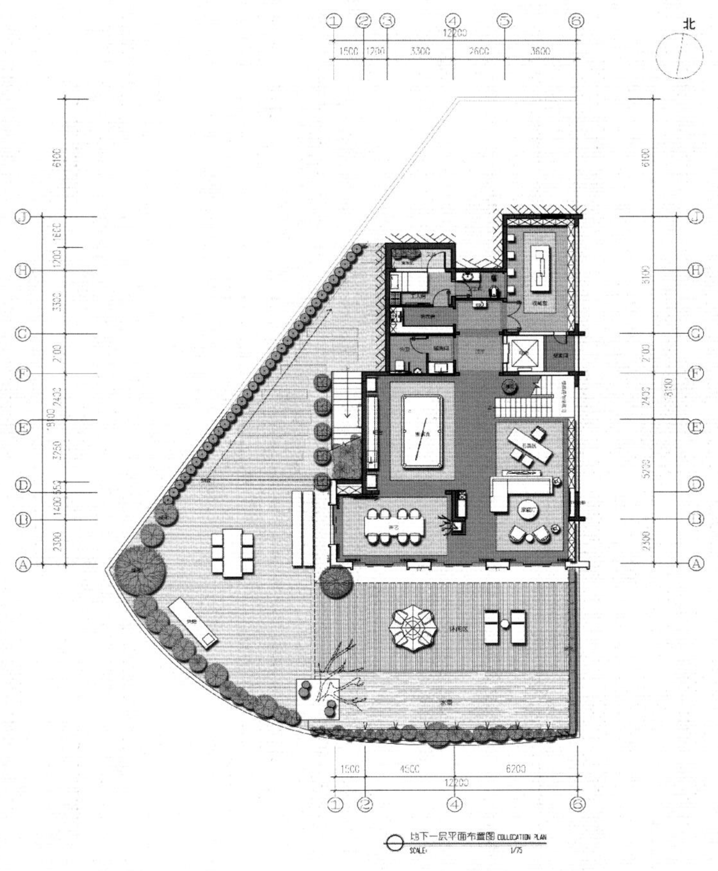

负一层平面图

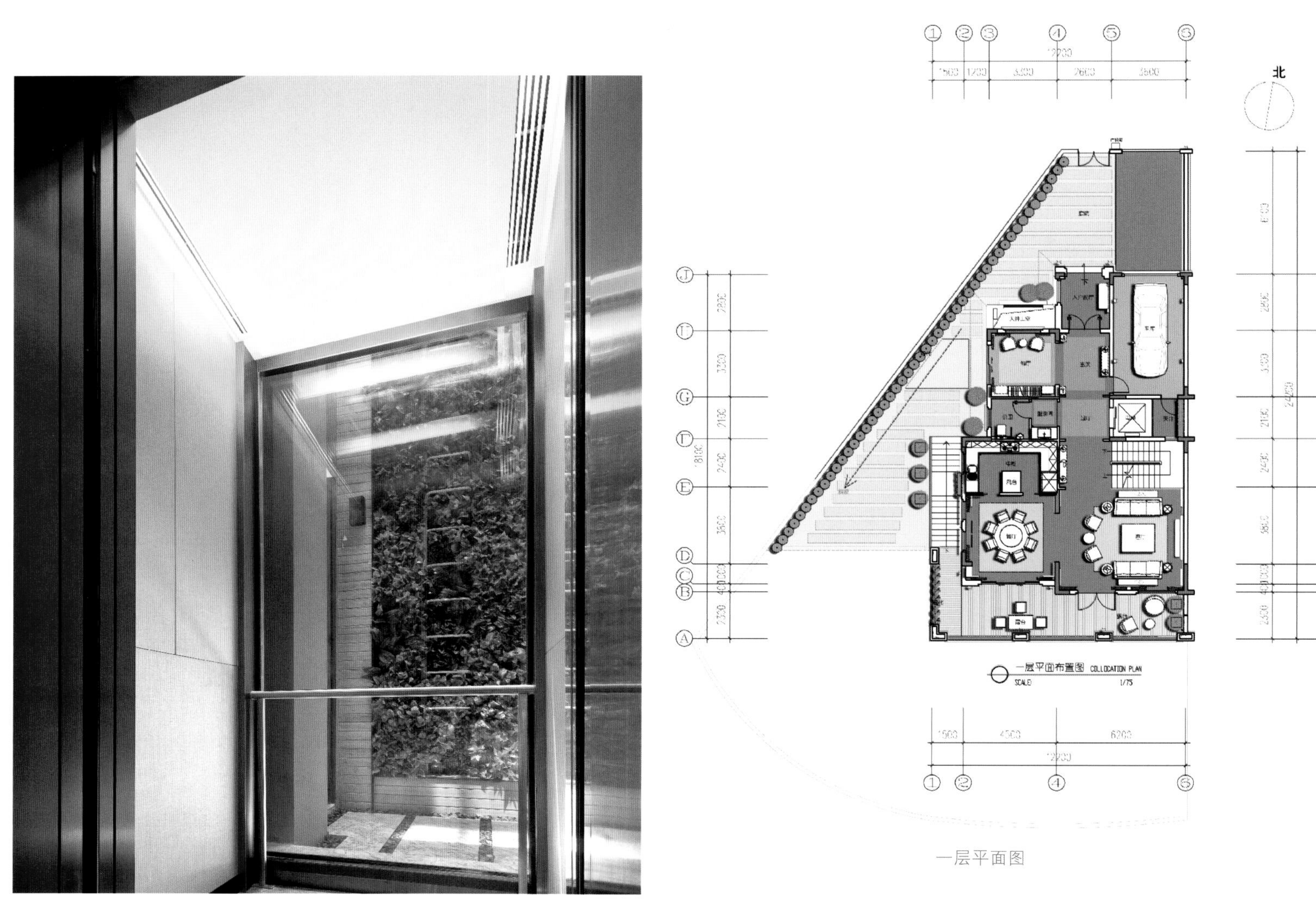

一层平面图

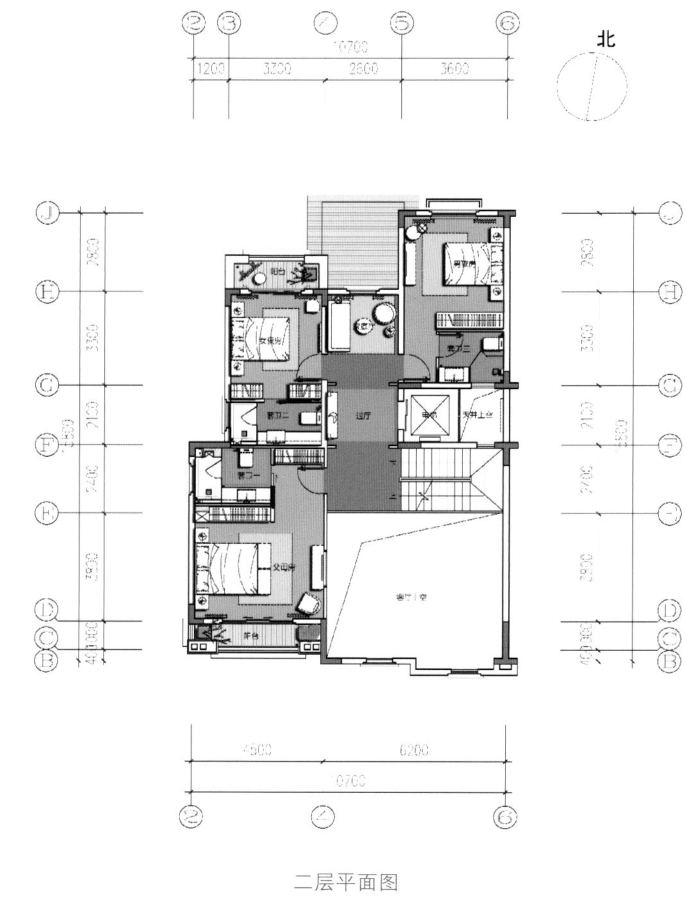

二层平面图

18
49
PEYTON
MANNING
TDs
6ers

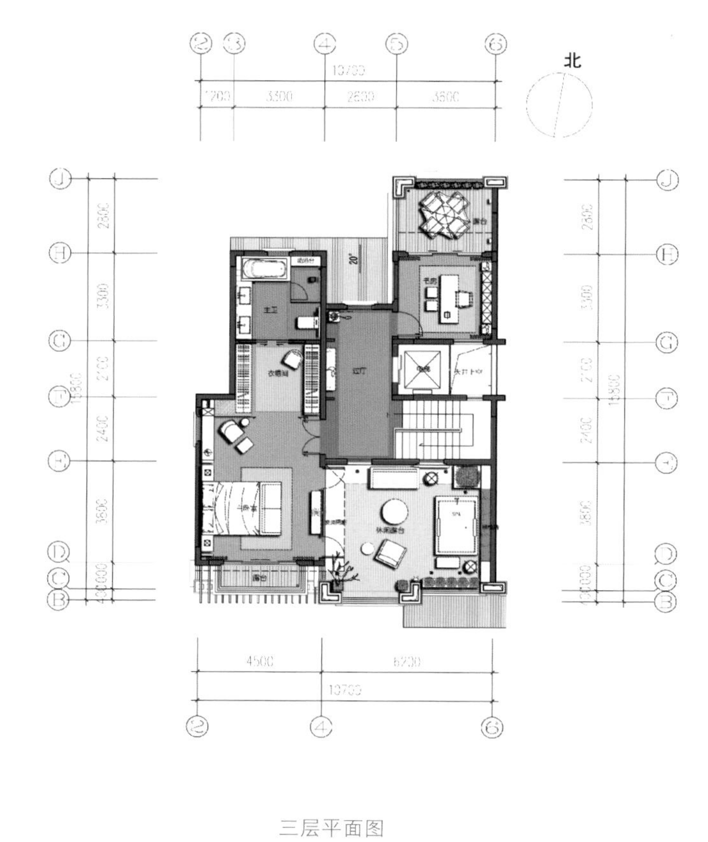

三层平面图

窗里格外，界定形生

Chinese Window Lattice Design Defining Spatial

项目名称：上海中信泰富朱家角别墅样板房
设计公司：KLID 达观建筑工程事务所
设 计 师：凌子达、杨家瑀
项目面积：650 m^2
主要材料：金凯登（洁具）、欧雅（墙纸）、优艺时尚（软包）、马可波罗（瓷砖）

本案是上海郊区别墅项目，以新中式风格为主题，援引中国传统窗格元素在室内设计中进行创新，既满足了设计的实用性，又丰满了设计成果的文化内涵。

窗格：中国建筑中蕴涵着许多不同的建筑理念，通过提取中国建筑中的窗格元素，作为室内空间设计的主要意象，是该项目的设计精髓所在。窗格，是体现和传播中华传统文化的一种独特的艺术形式，在表现室内设计的风格和功能中发挥着重要的作用。

界：窗格在室内空间的功能，不是装饰，而是空间界定。比如在客厅和餐厅的挑空中，分别设计了两个约 6.5 米高的窗格作为背景墙，而这背景既界定出了客厅和玄关两个空间，同时也界定出了餐厅和西厨两个功能区。在“界定空间”的同时，也能保持不同区域的“视觉通透感”。

此外，本案在设计上也选用了设计感突出的干枝，配以假花，通过砂石、石块营造一种日式禅意、宁静的山水意境。楼梯下的“小端景”选用造型鸡蛋花树配上仿真花与地面上的鹅卵石相互映衬，显得更亲近自然；同时配以自然造型的小鸟等自然元素，营造“鸟语花香”的景象。茶吧区小景，搭配禅意的茶具，与弥漫空间的淡淡茶香共同营造一种只属于东方的雅致。

典雅
司空图

玉壶买春，
赏雨茅屋。
坐中佳士，
左右修竹。
白云初晴，
幽鸟相逐。
眠琴绿阴，
上有飞瀑。
落花无言，
人淡如菊。
书之岁华，
其曰可读。

两层楼高的窗格屏风，撑起了空间的气派和里外若隐若现的通透感，扩容了空间的想象力。

客厅与餐厅连通的格局，都是双层挑高，更显豪逸气度。

吧台、书画区、洽谈区，共同构成了一个轻松聚会的休闲空间。

横隔格栅条将空间分成不同区域，而彼此间光线与视线仍能达到通透无碍。

洗手台的整体设计延伸了栅格的运用，简洁利落。

楼梯下的“小端景”选用造型鸡蛋花树配上仿真花与地面上的鹅卵石相互映衬，显得更亲近自然。

开放式的通透空间，通过天花界定出不同区域。

餐厅窗格后面是西式岛台空间，关联空间隔而不离，便于使用。

卧室素雅，鸡蛋花元素延伸运用。

二层窗格处，以铜雕做端景，尽显艺术气度。

圆弧的墙身设计，与天花的弧形相呼应，前面以屏风做装饰，简到极致，尽显圆融之美。

外极值、内极致的品质生活引领者

Life Leader of External Maximum and Internal Utmost

项目名称：华润深圳湾·悦府样板房
设 计 师：程绍正韬

华润深圳湾·悦府定位为世界级的豪宅项目。纵观世间，人终其一生奋斗拼搏，所追求的也不过如此：阅尽世界后，只为生活家。对全球人士而言，只有占据大城市核心区域最稀缺的资源，才是真正匹配他们的极值空间。单有人类文明，人会感受到压抑与压力；单有自然文明，人会失去激发自己的活力。人类文明、自然文明两者结合才是人最理想的。最优的自然文明和最优的人类文明，这个组合就构成了人类定居的价值极地，也成为房产价值的重要标准。看看曼哈顿第五大道、伦敦海德公园一号、香港半山区……这些全球昂贵的物业，莫不如此。

在悦府，室外尽是两大文明的最高级结合。室内通过简约却充满力量、温暖的设计风格，大尺度地把室外极致资源纳入视线范围。身居悦府，立身窗前，深圳全城的繁华、海湾、高尔夫、公园、湖、山等系列人类与自然双重文明，都一览无遗地出现在大尺度面宽的客厅前，俨然一幅让人震撼的视觉大片。眼前风光，与户型空间格局、餐客厅及主卧的开间、厨房的设计品位等，共同营造出一个外极值、内极致的生活家。

悦府一期占地1.4万平方米，由2栋超高层板楼组成，其中1栋52层，2栋51层。面积由250~365平方米大平面组成，全部三梯两户设计。悦府A户型364平方米四房两厅四卫、B户型263平方米三房两厅三卫、C户型249平方米三房两厅三卫、D户型322平方米四房两厅三卫、E户型362平方米四房两厅四卫、F户型261平方米三房两厅三卫。在上述基础上，所有户型均预留了工人房或储藏间，最大化地实现了主佣分区，保证生活私密性、尊贵性。

洗炼
司空图

如矿出金，
如铅出银。
超心炼冶，
绝爱缁磷。
空潭泻春，
古镜照神。
体素储洁，
乘月返真。
载瞻星辰，
载歌幽人。
流水今日，
明月前身。

悦府A户型：入口长廊。

悦府 A 户型：大厅局部。

悦府 A 户型：大厅局部。

悦府 A 户型：空间通道。

悦府 A 户型：大厅与餐厅开放式布局，更显空间弘大。

悦府 A 户型：餐厅布置极为简净，本案设计的亮点不在于装饰，而在于简约的造型和舒适的质感。

悦府 A 户型：书房的设计也贯彻简约实用的原则。

悦府所有户型均实现了最大化的动静分区，部分户型（A、D、E 三种）则配置了中西双厨，并连接餐厅、客厅，加上 7 米以上甚至达 12.5 米的超大尺度客厅开间，除了承重墙外均多面采光的开窗面，一体化布局下，使得家庭活动区十分通透、敞亮。对一个家庭而言，凝聚家人核心的是在餐客厅，这里是家人间互动最多的地方，或许也将是很多家庭主心骨内在力量的源泉之地。

正是如此，设计大师程绍正韬对悦府的餐客厅，称之为"男人的厨房"。在悦府的餐客厅设计理念里，餐厅是一个充满艺术的工作室。对家庭的主人而言，他们的很多正确决策，甚至往往都是在家里而不是办公室做的，因为家给予了他们真正的内在力量。生活确实也是如此，悦府深谙了顶层人士对事业巅峰与家庭生活的双重需求，更赋予了更高级的含义。

除此之外，全部为纯板楼、大平层设计的华润深圳湾·悦府，除了家庭活动区的巧妙布局外，更通过在一个平面上实现了最大化空间利用，实现了最少的浪费，而且实现了极好的动静分区、里外分区、家庭成员辈分居住分区。

也就是说，除了餐客厅与卧室的动静分区外，悦府还通过入户花园、门厅、工人房的分区设置，使得居者与访者的活动空间区隔开，保证了居者的生活私密性。

值得注意的是，自住观点极强的悦府，对于家庭成员也实行了辈分分区。以 A 户型为例，青少年房与儿童房连在一起，为孩子们实现了很好的互动与交流空间，相邻的套房式老人房独立设计，既能照看孩子也能拥有自己的空间。

巧妙自成一体的主卧面积接近 100 平方米（A、E 户型，其他四个户型主卧面积约 40 平方米），独立设置了多功能区如卧室、衣帽间、卫浴间，如空间允许则可增减独立的书房。而且，整体实现了超大面宽，单是卧室区开间已达 4.4 米，衣帽间、卫浴间、书房等开间则都在 3 米甚至 3.3 米以上，或是把园林景观尽收眼底，或是把深圳湾美景纳入室内，尊贵与私密感极强。

因为空间布局做到相当极致，设计师在设计时反而需要极度的克制，真正体现出空间的特点与优势。室内风格以"像蚂蚁一样工作，像蝴蝶一样生活"为基本理念，追求简约、现代、国际化，通过颜色明快、自然的用材用料，营造高端、有品质的生活氛围。在装饰上以极简极精的方式，营造出空间的优雅与内涵。拉阔的尺寸、巧妙的布局、妥贴的细节，能让身心全面放松下来，将眼前风景变作极致生活的最美布景。

悦府 A 户型：卫生间。

悦府 A 户型：卧室的一角。

悦府 A 户型：卧室的设计简约宁静。

悦府营销中心。

悦府 C 户型客厅：开阔空间的布局、造型纤美简约的家具组合，轻盈中蕴涵力量。

悦府 C 户型：餐厅与客厅之间以铺地分隔，隐而有序。

悦府 C 户型：选用的生活用品也是名师设计、外工内秀。

悦府 C 户型：餐厅对着客厅，望向窗外，视野更为阔达。

悦府 C 户型：楼梯的顶部与侧面都有采光，观景的设计让无形的设计彰显有形的品质。

悦府 C 户型：卧室的设计也是一样的干净利落，将所需功能隐藏起来，还空间以阔达。

悦府 C 户型：家具的选择少而精。

悦府 C 户型：卫生间、细节的贴心与设计的简约相得益彰。

悦府 C 户型：在夜晚可以纵览都市灯光美景。

悦府 C 户型：卧室的景观同样开阔，尽享都市上空的宁静。

艺术在空间游走，品质因静雅升华

Art Throughout the Space, Quality in Peace and Quiet

项目名称：西安中大国际九号 A 户样板房
开 发 商：中大中方信控股有限公司
设计公司：动象国际室内装修设计有限公司
设 计 师：谭精忠
项目面积：280 m²

本案位于西安市高新 CBD 高端城市综合体中。追求生活美学，成就豪宅舒适为本案宗旨。本案以东方艺术的低调奢华为设计主轴，超越传统居住空间分割模式，打破既有格局并结合动静需求运用设计手法发挥空间的极大化；使艺术元素在空间游走，实现生活品质的大气奢华，全方位满足入住者的居住需求及品位格调。

玄关

开启入户大门，壁纸裱板及镀钛金属将天花与端景墙串联，打造玄关气势；左侧收纳更鞋，配备染色木饰面及特殊夹纸式玻璃灯箱沉稳实用；开敞空间隔断灵活区分，搭配艺术品实现内敛质感的视觉效果；右侧区域为独立衣帽间及客卫，夹纱移门若隐若现，充分实现空间隐秘但不封闭的分割效果。

劲健

司空图

行神如空，
行气如虹。
巫峡千寻，
走云连风。
饮真茹强，
蓄素守中。
喻彼行健，
是谓存雄。
天地与立，
神化攸同。
期之以实，
御之以终。

客厅 / 餐厅 / 书房

主客厅以大理石墙为框架，空间配备视听设备嵌入储藏柜中，兼顾美观与实用性；透过红色背景墙搭配深色钢烤木皮，形成了整个空间的视觉焦点。

餐厅以圆形吊顶及大型吊灯搭配中式圆形大餐桌，灯光在镀钛板反射下，呈现火光般的氛围，展现空间层次感与独特视觉韵味。餐边高柜以层板架的形式穿插LED 灯光并配以暗红色木饰面，成为容纳主人收藏品的绝佳之地。

书房作为有弹性的空间，延用夹纱移门将自然光引入餐厅，实现使用者及家人间的互动，丰富了整体空间使用功能及空间彼此之间的联系与互动。

厨房

连接餐厅的厨房运用木饰面移门进行分隔，主体地面通过产自意大利的木纹地砖，在视觉上进行延伸。而空间的点睛之笔在于那道暗红色夹布玻璃主墙，通过颜色的跳跃彰显空间的活力，冷暖适度、新颖时尚；加之厨房以 Miele 系列为主的进口橱柜、赛丽石台面等实现豪宅的高档奢华。

卧室 / 主浴室

卧室的设计运用垂直线条的比例分割形成主体墙面的视觉效果，空间整体延续一贯舒适的温润基调，贯穿于床头板的裱布及墙面壁纸上，仿如丝质内显优雅；伴随微醺韵调点缀东方家饰彰显主人气质。

具备多样性收纳功能是主更衣间的关键所在，背景墙透过暗红色烘衬展示小件的华贵低调；柜体规划合理、巧妙，实现整体陈列的精致整洁。

主浴室以意大利蓝洞石铺陈主墙及地面，马桶后墙运用复合压克力灯箱延伸至天花板实现空间色调对相呼应，并从室内色光进行完美调和；两侧储柜选用柚木材质，兼备美观与实用；其中独立浴缸及淋浴的空间采用干湿分离的碳化木地面，结合百叶透射的自然光线为室内空间营造出东方的质朴风味。

孝亲房

孝亲房整体通过设计弥补室外光线的不足。除以染色木皮搭配绷布的调性外，在主墙面运用与绷板同色系的壁纸营造空间和谐感。着力于重点墙面的艺术画作点缀空间专属的个性、明暗适中、沉稳舒适。

第二卧室

第二卧室通常配备给家庭中的孩子及其他重要人群。既区分主卧又将其打造成个性不失稳重的空间，既增加营销空间的记忆感，也避免购买群体中的侧重点太过小众化。走入这里，映入眼帘的便是橄榄绿色的皮革透过深色钢烤木皮的U形框架及橡木染色呈现分割线条的设计元素。电视主墙以彩云灰大理石打底、空间家具选用军绿色系搭配天花造型及光线投射营造整体个性潮流的艺术气质感。

本案设计中所选用的材料均以质感和触感为出发点，为追求简约精气神，本案还运用了不少金属收边，门套框采用了金属及木饰面拼接的细节处理，看似简单的线条却处处有细节，从细节处体现豪宅精致感。

完美的定义将被重新解读
THIS IS
ROCK

归素

Return to Nature

项目名称：济南佛山静院样板间
设计公司：成象设计
软装公司：成象软装

笔蘸性情，舞一阙水墨横斜，
轻勾慢染，一枝一叶归乎情致。
执笔时，
是隐居在都市的浪漫侠客，
良禽美雀啁啾，树痕花影婆娑，
用笔如刀，刚柔并济。
尺幅之中，
只着一花半叶，便得气闲神清。
壶中水沸，若松风鸣响，
云雾萦绕，似仙踪缈缈，
执杯存光，
是踏水而歌的隐士，
寂静时望青山冥思，
欢喜时踏溪流欢舞，
知盏间余韵，识茶里滋味。
世间物纷杂，
且使心归素。
当心归素，则身也找到归宿。

本案虽处都市之中，而心却向往山林之远。从玄关处悬挂的山水画幅，可见画中山，水映天，意有所极，梦亦同趣。意浅之物易见，趣远之心难形。玄关是一户的入口，在本案是多个功能区的交通枢纽，设计师以中式的画框做装饰边框，运用到多个面体，简洁而不失精致。天花中心悬挂的水晶吊灯与地面拼花相映生辉，传递的是一种尊而重之的仪式感。有国际范而不失中式意趣，翠痕过墙，有风穿堂，引意入庭，焦墨画疏窗。

客厅是客人和家人汇聚的地方，庄重气派虽不可少，生活的情趣亦需讲究。本案客厅尺度开阔，

绮丽
司空图

神存富贵，
始轻黄金。
浓尽必枯，
淡者屡深。
雾余水畔，
红杏在林。
月明华屋，
画桥碧阴。
金尊酒满，
伴客弹琴。
取之自足，
良殚美襟。

两扇观景大窗，采光通风都是极佳，所以将书房安排在沙发组座之后，侧面以三组收藏柜装饰。空间可动可静，无人时，显得一些念，若尘，一些梦，幽幽，凭窗倚栏，轻触漫漫时光。

本案空间以咖啡色为主调，显得博大沉稳，其中又以酒红色做块面装饰，沉厚中蕴含热烈。山红遍，层林尽染，抑或烟雨朦胧，水墨江南，尽在笔下。情趣入微，光阴静好 。

在餐厅，红色的端景墙格外引人注目。漫万里山河，不着一点水墨，背后的枫红是燃尽季节的妖娆。

陈列精致的桌面，是餐厅礼仪，也教会我们：顺时而食，每一种食物，带着四季的信息进入我们的身体，这是对自然与生活的坦诚。

都说茶禅一味，这一刻，只想静静享一盏的芳香时光。清雅的茶室，木台方凳，质朴天然。云烟缈缈争奇墨，室中论茗逃尘嚣。茶烟映山起，浅香伴枝摇，清水沥茶中，享半晌悠闲。

回到卧室，我只想接收大自然的“花言巧语”。所以背景墙以素雅的花枝做装饰，画中意趣何处寻，花迎满枝梦中云。两侧床头，水晶壁灯和造型台灯洒下不同的光辉。倚床而待，风月无边，花香有信，灯光和着月光顾盼生情。

另一间卧房为父母准备，素雅大方从来都是长辈的喜爱。一枕溪色，层层叠叠，怀抱风中之影，梦时亦有诗意。墙头金色的桃叶装饰，挑亮了一室的素然，当金属折射出光的旖旎，用最温柔的淡然，诠释大乐之野。

画屏

Draw a Screen

项目名称：贰零壹伍琚宾之家
主笔设计：琚宾
参与设计：张静
摄　　影：井旭峰
撰　　文：琚宾
手卷绘画：陈红卫
项目地点：北京

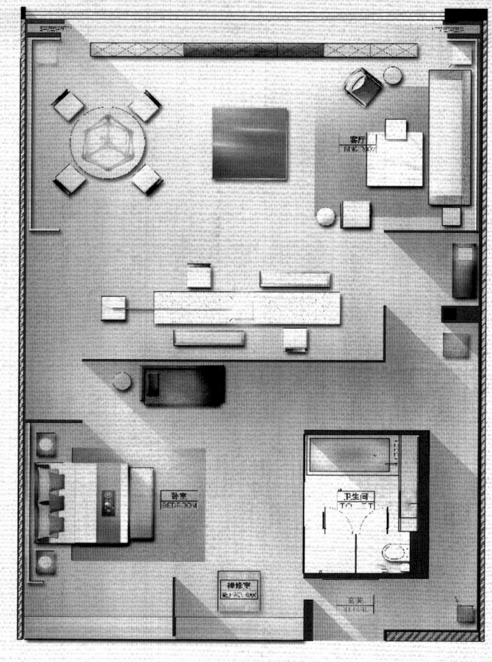

含蓄
司空图

不著一字，
尽得风流。
语不涉己，
若不堪忧。
是有真宰，
与之沉浮。
如满绿酒，
花时反秋。
悠悠空尘，
忽忽海沤。
浅深聚散，
万取一收。

银杏陪窗，荷梗夜照。佳期再现朱颜好。
初雪天气欲寒时，居然屏掩新模样。
牡丹浓妆，山光荡漾。缘云轻和书茶香。
华灯韵谱旧友知，顶层伴月同偎傍。
——《踏莎行·居然顶层琚宾之家》

这是设计师在最少条件限制，相同面积配比的居然顶层，思考和践行自己对空间设计的理解。居然顶层的参观方式本来就是各个设计师预先设定好的生活模式。设计行为本身也是自己生活方式、文化认知、艺术修养的全面诠释，展现的状态多少都能看出当下世界室内设计的多元与共生。

曾经看过菲利普·斯达克的第一版方案，现场实施后的成果是再次调整修改过的。或许是出于对自己的更高要求，又或者是动态把握中国的一种表现。朱利奥·卡贝里尼带来的意大利空间中能找到血统里的洒脱。同梁志天、梁建国、戴昆各位先生多少都有交流各自方案的所思所想，每个空间的表情都是自己的眼，空间种种的展现无一不是各自眼光的延伸。与居然汪总的每次晤面，以及多次的发言中，他都提到了高度、格局、设计师的引领、全民优质生活的提升、中国设计的崛起等。在时代巨轮的面前，做最好自己的同时也在布道着美。

我从中国传统绘画中找寻到灵感。《韩熙载夜宴图》所表达的场景的关系，其贯穿始终的屏，界定了空间、叙述了时间，屏上绘画的内容承载了个人对文化的眷恋，透视出感情喜好的所在。

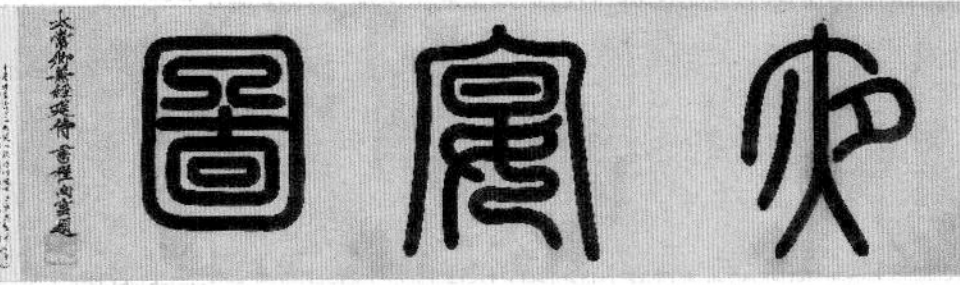

银杏陪窗，荷梗夜照。佳期再现朱颜好。初雪天气欲寒时，居然屏掩新模样。

屏屏重屏屏。残荷本来应该是有点孤寂的，但此刻并没有，黄叶本该也有点萧瑟的，但此地也没有。画屏上的银杏叶对于我来讲代表的并不仅仅是其优美的形状或者是秋天的灿烂，更有别的故事和情愫在里面，暗含一生之约。层次丰富，黄得暖心，餐厅本来也该是如此的色调，是属于家的氛围。荷叶荷梗则围在另一边的客厅幽蓝月色行着，枯寂、宁静、沉静，呼应着色彩在那模糊想象、在那说爱好表志向、在那提君子之交……

居然顶层设计之 2.0 延伸版本中，画屏，既参与了单独场景的建构，也参与了整个故事情境手卷的构造，是公共空间和私密空间的分界线，但又不仅仅是遮挡，还是一种引导，情节推进，视线深入。

CATALOGO GENERALE 2014
MOBILE
MOBILE

牡丹浓妆，山光荡漾。缘云轻和书茶香。华灯韵谱旧友知，顶层伴月同偎傍。

茶台依着城市山林意象，显得更出尘些；国色牡丹，因在卧室则更显得柔媚些。屏风屏风，屏却风，也能遮住眼，隔出个虚实互补的同时，还增加了情趣丰富了视觉。中国人一向喜欢曲径后的通幽处，喜欢渐入佳境后的热络时，平铺直叙的实景描绘总是显得不那么有趣。屏风对于空间的分割没有强制性，于是茶室可以隐约着芙蓉帐，拥被依枕时也闻得普洱香。

从 1.0 到 2.0 版本，屏风这一器物是贯穿始终的载体，同时也划分着不同空间的性质，不同屏风是不同空间的组成部分，在各自的区域色彩鲜明，体现着红黄蓝西方绘画的关系——从前厅、客厅、餐厅，进而卧室，书香茶穿插于其间，由长书柜这一实体呼应这处处朦胧，像是渐渐打开的手卷，空间艺术与时间艺术同时并行、立体呈现。

空间中看不见的气韵是设计追问的本质所在、气所呈现的美以及韵所表达的质，需要物理化建构的结果去依附。建构的核心是理念，是材料，还有对造型、灯光，包括对自然的理解，对人活动的呵护，以及对文化的回望。

墙体素极，水泥与涂料足矣；屏风艳极，与墙体对比更显华丽。客厅的蓝屏，是傍晚时的残荷；餐厅的黄屏，则是北京深秋的银杏叶；卧室的红屏，是我家乡河南的牡丹；书柜的素白屏，负责联结了客餐厅、遮掩了卧室，朦胧了窗外的光。绢质的大幅素绘上，山水意象的绘画与论茶叙道的条案有机结合在质朴的装置灯下，易于陈列，方便围合，一挡一掩，空间由此私密了起来。

陈列选用了满含艺术气质的稀奇品牌，正如兄长瞿广慈先生讲的那样："稀奇是条狗"，其放置在空间的同时也融入了空间本身，生出感情，产生温度，突显场景。木美、Chi Wing Lo 这两个品牌家具与整体空间诉求一致，人、物和谐，这大概也像其品牌创始人陈大瑞先生、卢志荣先生和我的关系。还有个性张扬的玻璃及纯木头的家具，这些都一起凸显着空间的张力。整体空间具有唯一性和独特性，不能也用不着去归类于哪个派系或语境。这是我最新的设计思考，是一个新生儿，具有唯一的笑容与表情，这就是我想要的。

平心如镜，禅意悠远

As Smooth as Mirror, as Distant as Zen

设计公司：境壹空间设计
主笔设计：靳泰果
参与设计：陈磊
项目面积：400 m²
项目地点：四川成都
主要材料：icc 瓷砖、贝特橱柜、欧亚纳特木门定制、瑞士卢森地板

项目地点位于成都的牧马山片区，远离城市的喧嚣，自然环境与家融于一体。

我们努力奋斗，工作赚钱，最终也会归于平静，有一个安静的地方与家人相聚，看书，会友，饮茶。这也是业主的需求，业主事业有成，信佛，对中国文化也有喜好，这是他三代同堂的居所。

在沟通达成一致后，我们选择了东方的风格方向，除了几张老的椅子和门扇之外，我们在设计上并没有采用任何中国古代元素，而是用现代语言来诠释东方的气质。

在整个设计中，我们将业主的喜好与风格融合在一起。在平面布置中，我们满足业主的需求，在满足使用功能的前提下，将空间使用率最大化。在色彩上，比较传统的都是采用深色为主，比如枣色，显得比较有底蕴，也很沉稳，但是我们在色彩的设计上深色比较少，大部分都是原木色，让木纹的原始形态展现在空间中，让整个空间自然、通透。

在家具和饰品的选择上，我们软装设计师没有选择非常传统的古代家具，而是从舒适感和款式上着手，选择了新中式家具，这类家具是现在科技与古代经典的结合，面料舒适，并且环保。饰品有石器、木器、干花等，凸显中式风格，也非常的环保，客厅中装饰的雕花木门是比较传统的中式风格，虽然在整个空间少有非常传统的色彩和家具，但是雕花木门放在整个空间中没有显得突

自然
司空图

俯拾即是，
不取诸邻。
俱道适往，
著手成春。
如逢花开，
如瞻岁新。
真与不夺，
强得易贫。
幽人空山，
过雨采蘋。
薄言情悟，
悠悠天钧。

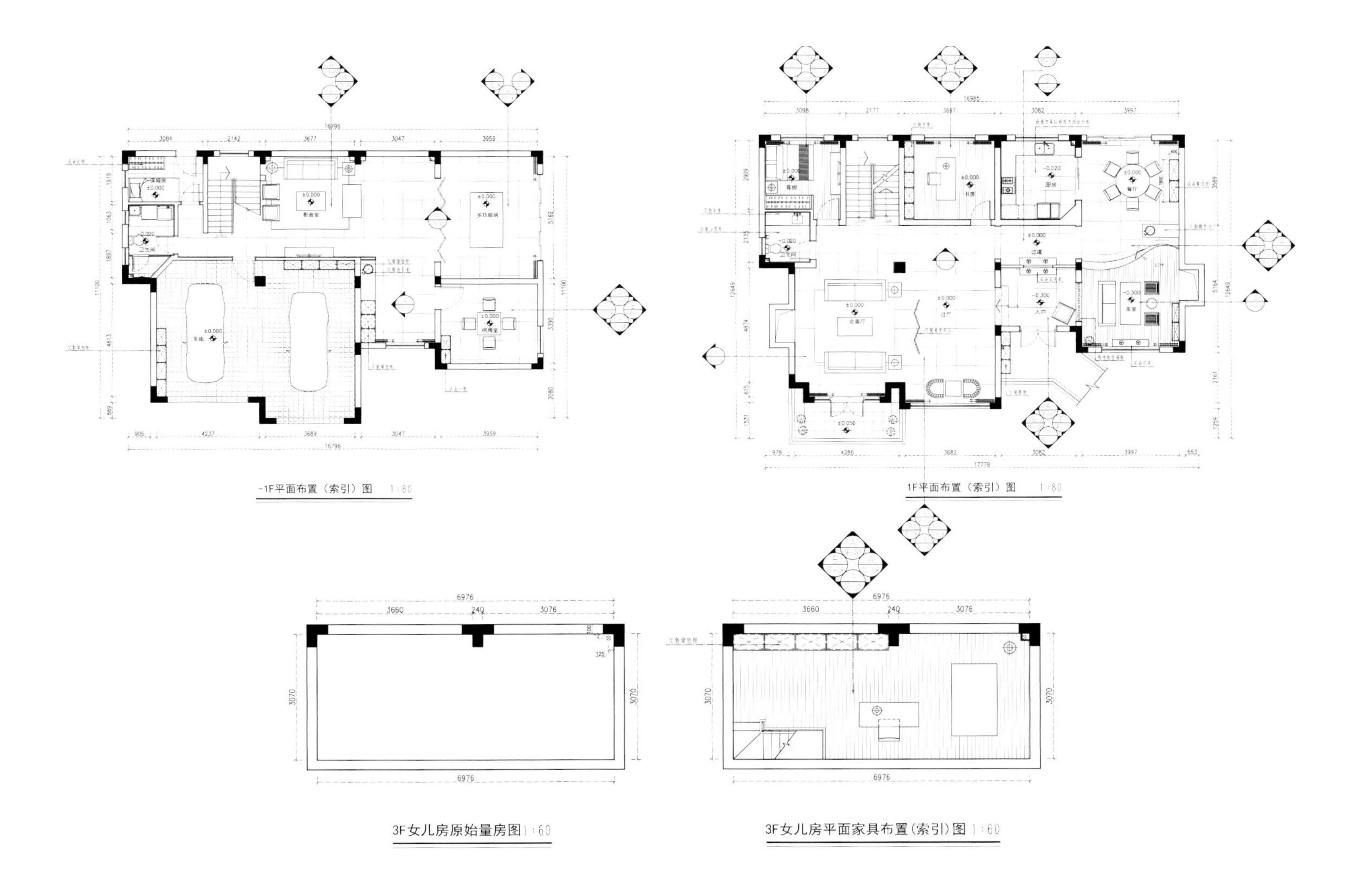

-1F平面布置（索引）图　1:80

1F平面布置（索引）图　1:80

3F女儿房原始量房图1:60

3F女儿房平面家具布置(索引)图 1:60

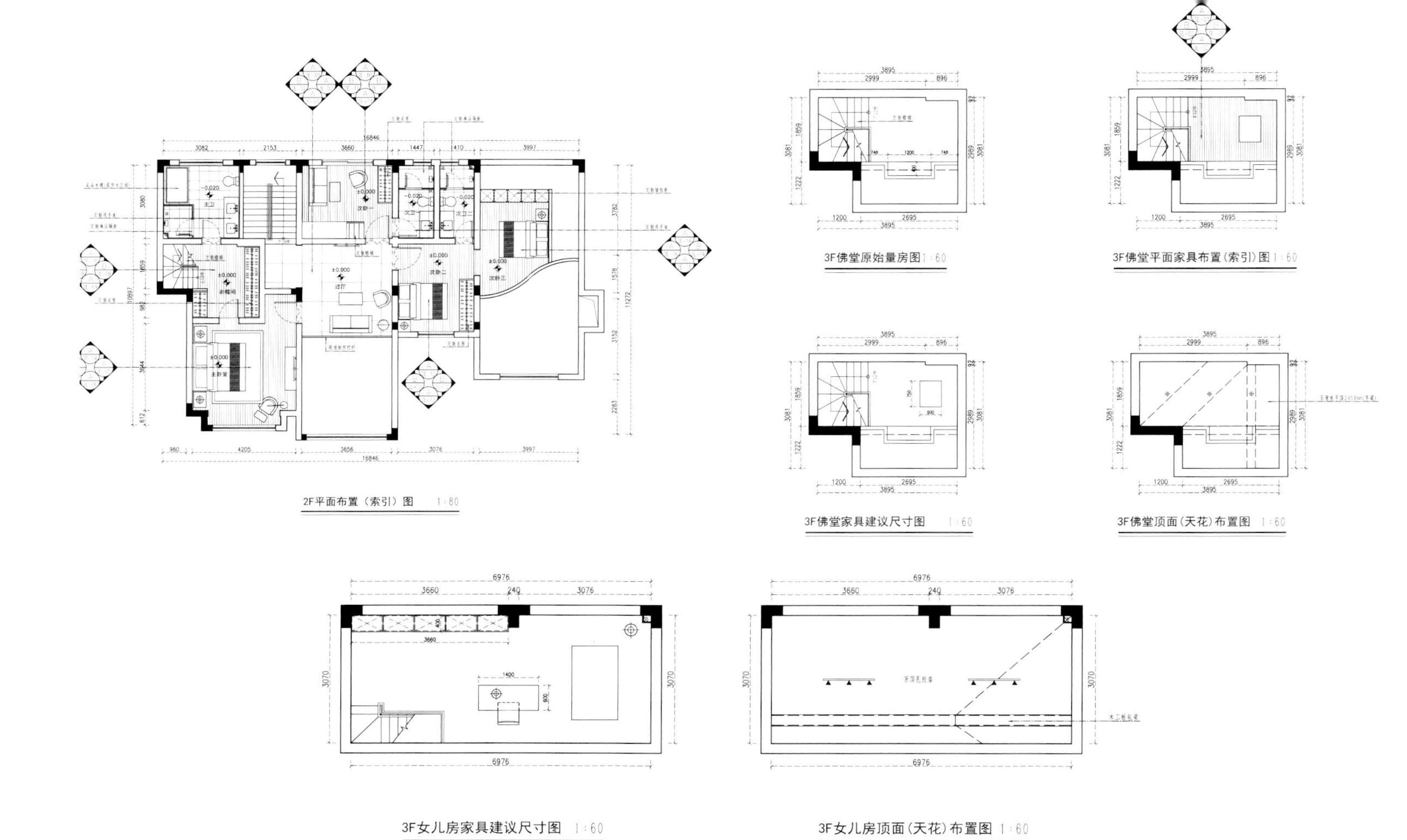

2F平面布置（索引）图 1:80

3F佛堂原始量房图 1:60

3F佛堂平面家具布置（索引）图 1:60

3F佛堂家具建议尺寸图 1:60

3F佛堂顶面（天花）布置图 1:60

3F女儿房家具建议尺寸图 1:60

3F女儿房顶面（天花）布置图 1:60

兀和难看，反而增加了整个空间的层次感，多了一些看点，也起了一种隔断的作用，隐隐约约的雕花，更有一种犹抱琵琶半遮面的感觉。
在我们的整个设计中，从硬装到软装，业主和我们都比较重视环保问题，所以在选材上也是尽量选择环保的材料，以实木为主，大部分保持木材原有的样貌，尽量不破坏木材本身的纹路和肌理。大部分定做，少数是现场手工制作，楼梯就是采用现场制作的工艺。

对称之美，儒雅国学

Symmetrical Aesthetics: Chinese Ancient Culture

项目名称：西安中大国际九号B户样板房
开 发 商：中大中方信控股有限公司
设计公司：动象国际室内装修设计有限公司
设 计 师：谭精忠
项目面积：268 m²

缜密
司空图

是有真迹，

如不可知。

意象欲出，

造化已奇。

水流花开，

清露未晞。

要路愈远，

幽行为迟。

语不欲犯，

思不欲痴。

犹春于绿，

明月雪时。

平层住宅空间的规划，不仅仅需要规划机能的实用性及动线流畅感，更重要是经由设计手法整合空间概念营造张力并保有私密，从而凸显出大坪数的空间气度，既雅致内敛又满足生活品质要求。本户设计中所选用的材料均以材质及色调为出发点。从细节处体现设计灵动性，并通过整体色系及家具的搭配体现豪宅的生活画面。

外玄关

本案为一户专享一梯式的高端住宅——室内风格由此展望，并将独立梯厅空间墙体进行整合从而打造属于入住者的私享专有权。

内玄关 / 客厅 / 餐厅

经由具备延伸感的内玄关为中轴线，左向右之动线区隔实现对景。右为独揽270° 全景落地窗的大视野客厅，连结副厅极大化地运用客厅区域，闲暇时阅读也能共享视听的乐趣及家人间的互动。

左为开放式餐厅，墙面采用暗门形式设计——门片的位置进行比例性的分割，并隐藏于墙面造型之中，满足现代人对于“型之美学”的视觉需求。整体空间经过精细的设计规划后，呈现出东方对称、国学儒雅的效果。

厨房

发挥7米优势将Miele厨房电器、进口订制橱柜及超长的赛丽石台面中岛配备其中。天花吊顶灯箱映衬实现室内的宽敞明亮。夹纱移门则将其视觉延伸至餐厅、兼顾空间尺度及连结。

主卧室 / 主浴室

主卧为完整的大套房格局，包含睡眠区、更衣区、浴室区。睡眠区运用暖色系的装饰面配以明亮通透的落地窗，赋予空间柔和氛围。两灯垂吊、人字地板上区分空间的简洁线条打造视觉上的跳跃感，色系和谐。软饰简洁，呈现实际生活的画面感。

浴室区采用双台盆、干湿分离浴厕，从机能上充分体现一个主卧室应有的豪华感。整体地面选用灰姑娘大理石，色调中性，材质稳定。天花吊顶光线设计明暗适中，凸显整体的宁静大气。

主卧衣帽间兼顾男女主人使用机能，并在收纳规格上灵活分割，展示区及收纳区风格连贯舒适，实现整体和谐顺畅之感。

孝亲房 / 孝亲房浴室

孝亲房选用暖色系基调打造空间舒适感，整体光源位置安排均考虑柔和和谐；木条皮革相互拼接成为空间的视觉焦点，结合暖色系壁布实现舒适温馨的睡眠环境。

结合现代人生活习惯，设计师将该空间设定为多功能空间。

拨动双开门，即为开放式的书房——M 形软包造型兼具吸音功能，既将声音隔挡在外实现阅读时的沉静，亦可将室内改造为视听区域实现娱乐供功能；此外，该空间还配备了独立浴室区，亦可作为客房使用满足居住需求。

上林春色

水墨清欢

Chinese Water-Ink Painting

项目名称：绿地·泉景嘉园复式样板间
设计公司：成象设计
软装公司：成象软装

一支斜梅，几回凭栏，
青瓦白墙，一杯烟雨，
只添一抹胭脂便可风情万种。

承托载举，布席造境，
将一壶置于天地之间，
啜一口清香，或是一抹苦涩，
凡事便都被茶香消散。

自然造物，总是不负所望，
如墨般的玄青是山顶，
云雾绕在山间就是素白，

半盏时光，研水墨自在，
笔蘸性情，品天地山川，
世间繁华，却原来都在浓淡之间。

知白守黑，心素如简，
砚台调墨偶有瑕疵，
也似自然对生活的小小玩笑。
山水从来不在远方，
此心归处是吾乡。
承一席光影，水墨感的地垫搭配鼓凳，似清泉石上流。
烟雨施如画，不消水墨，不虚浮华，是主人最爱的徽派。
物引木为架，墙将树作衣。

疏野
司空图

惟性所宅，
真取不羁。
控物自富，
与率为期。
筑室松下，
脱帽看诗。
但知旦暮，
不辨何时。
倘然适意，
岂必有为。
若其天放，
如是得之。

走廊的布置似青瓦白墙的水墨街巷，这是主人心中离不开的水墨情。
窗明几净，暖日和风，只粗茶淡饭，尽有余欢。
风吹树花满室香，日居繁花中，自然可爱。
质朴与清雅惺惺相惜，宁静的氛围与简单舒适的布艺塑造柔和的意境。
涂鸦、滑板、骑行，年轻就要不羁。
不动声色却又有让人安心的力量，这是风物的温暖。
松花酿酒，煮水煎茶，伴随着杯中的绿意和细碎阳光，每一次呼吸都萦绕着茶香。
暮色阴阴，远山淡淡，于室中，皆在一纸水墨间。

摩登中国，艺术生活

Modern China, Artistic Life

项目名称：深圳湾 1 号
设 计 师：Yabu Pushelberg
照片版权：Michael Graydon

近期，深圳顶级豪宅深圳湾 1 号推出了 Yabu Pushelberg 新品定制空间，这是 Yabu Pushelberg 在深圳的首个作品，他们担纲设计了 430 平方米和 510 平方米的两套大平层公寓。对于此次创作，Yabu Pushelberg 这样评价："我们对深圳湾 1 号充满激情，而且我们认为，它将会成为中国乃至整个亚洲，甚至世界的顶级项目！"

Yabu Pushelberg 的重磅加盟使这个本已整合了规划和建筑设计 KPF、结构设计 TT、园林景观 AECOM、照明设计 LKL、物业服务仲量联行、室内设计 Kelly Hoppen、ABConcept 等国际顶级团队的超级城市综合体，再次将深圳豪宅室内设计品质推向极致。

在 Yabu Pushelberg 的设计理念中，他们会基于采用不同的物料、程序和意念变幻创新，为每个项目添加前所未有的元素，每件作品都"不可复制"。Yabu Pushelberg 此次设计的两套深圳湾 1 号定制空间的设计理念源于对比与互补理念，两间样品房面积相当，但设计理念截然不同，风格分别为现代中式（Modern Chinese）和现代不羁（Modern Relaxed），同享无敌海景，但用材颜色、设计布局和推崇的生活方式各有千秋。

其中现代中式风格大胆融入了中式元素，空间质感丰富、浓烈，用材对

实境
司空图

取语甚直，
计思匪深。
忽逢幽人，
如见道心。
清涧之曲，
碧松之阴。
一客荷樵，
一客听琴。
情性所至，
妙不自寻。
遇之自天，
泠然希音。

比鲜明，营造出跌宕起伏的氛围，勾勒出高级定制之感。在建筑形式和家具摆设方面，现代中式风格独创搭配了中国传统饰品，墙面面漆等细节采取现代装饰，在尊重中国传统文化的同时增添独特的层次感。色彩方面，阳刚色彩与婉约色调相得益彰，营造出温暖、优美和精致的空间体验。

另外的现代不羁风格作品，设计理念是年轻化、国际化与突破传统。围绕轻盈、欢快、中性的主题，空间重点采用亚光材料，重点区域搭配浓烈色彩。现代化的线性设计，使得空间布局流畅，各区域自然融合。

踏入设计精致的门口，即可看到对比鲜明的明暗材料搭配条理分明的细节。专为中国文化的钟爱者大胆设计，空间质感丰富、浓烈，用材对比鲜明。客厅辅以设计简约的阶梯式天花板，4 米极限层高，给空间以深度与丰富质感。通过 2.4 米超宽幅落地窗，美妙湾景尽收眼底。

从客厅到书房，同样可以看到门厅的淡紫色亚麻墙板。入墙式黑木书架，增添色彩变化的微妙触觉。半遮蔽式的书房门口一方面可通达公共区域，另一方面营造出私密感。阳刚色彩与婉约薰衣草色、牡蛎色、金属铜色相得益彰，营造出温暖、优美和精致的华丽空间。主人房同样将中国传统元素与现代风格巧妙地结合起来。青铜边框床头板成为主人房的焦点所在，薄薄的装饰性贝壳如珠宝般闪闪发亮。青铜镶嵌黑木定制床头柜给主人房以前卫之感。

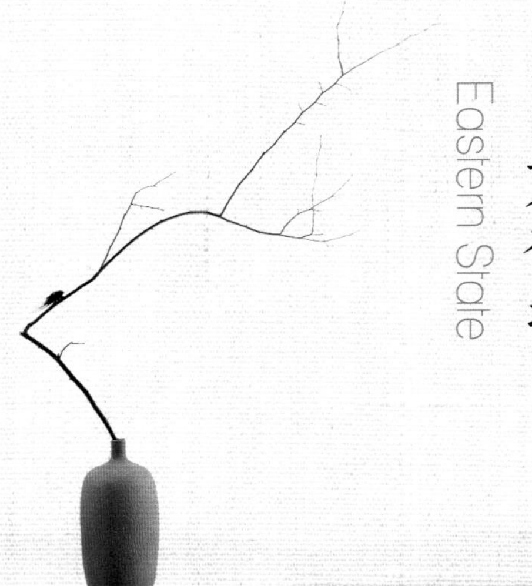

东方衍境

Eastern State

项目名称：阳江保利共青湖
开 发 商：阳江保利弘盛房地产有限公司
设计公司：广州道胜设计有限公司
主笔设计：何永明
参与设计：道胜设计团队
摄 影 师：彭宇宪
项目面积：160 m²
项目地点：广东阳江
主要材料：灰木纹大理石、橡木、黑色不锈钢、实木

自然造物，定是不负众望。本案例坐落于阳江市风景秀丽的共青湖岸，依群山环绕而建，随碧波荡漾而起，尽享大自然的慷慨馈赠。推窗远眺，便可鉴赏“湖上春来似画图，乱峰围绕水平铺”这如诗般宁静安逸的画卷。偷引一缕湖蓝，投掷室内，便可明镜止水，皓月禅心。

世间繁华，却原来都在于挥毫之间的浓淡。设计师怀着一腔浓烈的东方情怀，特意从古典瓷器——冰裂纹中萃取出优雅的湖蓝色系作为整个空间的主色调，以此贯穿，引领我们去品味源自东方古典的雅致。

在设计师的眼里，湖蓝色是灵动、宁静、优雅的颜色，在本项目中被普遍运用到抱枕、坐垫、床品以及瓷制花器之中，可以给予人们干净、舒适的视觉感。在设计师的心里，木材则是有生命的，所以对其也尤为偏爱，从客厅的硬装造型延续到家具的骨架结构都是用木材来塑造，甚至于连客厅的大理石地板铺砖都偏向于浅木色。在大量浅色系木材铺装与湖蓝色布艺相互融合之下，空间一片纯净舒朗，不见刻意雕琢，没有固定符徽，但是却不约而同地沁散动人的温度，渲染着愉悦的气息，仿佛浮现居住者的温馨日常。

进门玄关，映入眼帘的便是入户花园中设计别致的休闲茶台、煮水煎茶，伴随着杯中的绿意和细碎阳光，每一次呼吸都萦绕着茶香，稍一探首，就可揽尽山湖光景，以“有形”的设计渲染出“无形”的氛围。餐厅则利用凹槽位设置了一道巧妙的景致，一盘青松高洁而立。飘窗台的位置，设有坐垫、茶台以及一个小小的书柜。主人可以随意倚坐，或品一杯香茗，或鉴一首古词，或赏窗外美景，好不惬意。

风吹树花满室香，一缕茶烟，一本古籍，一把纸扇，一对石狮，啜一口清香，或一抹苦涩，足以饱含诗意；奇松几棵，明灯数盏，书画两幅，没有过多的勾勒，在线条的纵横之间，却也道尽云水禅心。刻意的留白以及疏密节奏的安排，把画里山水的恬淡闲情物化于现实之中，这便是“知白守黑，心素如简”的东方禅境。

形容
司空图

绝伫灵素，
少回清真。
如觅水影，
如写阳春。
风云变态，
花草精神。
海之波澜，
山之嶙峋。
俱似大道，
妙契同尘。
离形得似，
庶几斯人。

让生活向艺术再进一步

Art Onward Towards Art

项目名称：上海万科翡翠滨江 300
软装设计：LSDCASA 事业一部
项目面积：300 m²

手工奢华的家具的传承与拥有，历来仅发生在少数人中，如今尤甚。工业革命带来机械化、单调的器物，并充斥于生活的常态。
也正因如此，手工打磨的庄重和独一无二的细致纹理，才越显珍贵。万科翡翠滨江，坐镇陆家嘴滨江核心区，占尽 1.4 公里繁华天际线，如此贵重地位，必须庄重对待。于是，LSDCASA 追溯前拉斐尔时代的审美，重用手工的千锤百炼，艺术贯穿其中，让翡翠滨江 300 户型的华贵价值与生俱来。
金属线条堆叠造型的金属柜，给进入空间的第一眼带来不一样的视觉冲击，以大幅抽象装饰画为基底，交叠出艺术、先锋的格调。
客厅设计更加偏向舒适的功能性，但仍不放过任何一个释放格调的细节。浅色 L 形沙发，精选 Andrew Martin 面料、迷宫布阵般的吊顶灯带、组合式裂纹茶几、石块般切割的书桌、20 世纪 70 年代的书椅、雕塑形式的边几，一切都试图在规矩中体现艺术性。
待到华灯初上，陆家嘴的时代盛景和黄浦江的迷离景致，被 270° 环伺的落地窗完美吸纳，与空间中如艺术般交织的灯光相辉映，卓然地位，自此非凡。
餐桌、餐椅与雕塑台拒绝传统的几何利角。大量的曲线打造手工美感，与顶面吊灯造型相互呼应。餐椅脚的竹节式样，简约自然，却需要千万次的手工打磨，这份用心弥足珍贵。

豪放
司空图

观花匪禁，
吞吐大荒。
由道反气，
虚得以狂。
天风浪浪，
海山苍苍。
真力弥满，
万象在旁。
前招三辰，
后引凤凰。
晓策六鳌，
濯足扶桑。

相较于别致的餐厅，主卧力图在舒适与艺术之间达到共振。紫金绿的色调显奢显贵，个性的五斗橱与高柜稍作点缀，不多不少。脚下的地毯仿佛是一幅装饰画，大面积地提升整个空间的装饰感。

不同的居室，赋予了不同的主题，不变的是一脉相承的艺术感和以诚相待的贵重。浅灰与深绿形成主色调，在视觉上稳定而不突兀。用哑饰面和有历史感的纹理，不喧哗，自成格调。

主色调为黑白灰，整体空间内敛而庄重。抽象图案的壁纸与艺术装置相映衬，在克制中跳脱出不凡的艺术嗅觉。

AMONG GIANTS
AMONG GIANTS
AMONG GIANTS
ISLE OF WIGHT SMUGGLERS' PUBS

INVENTEURS
DE GENIE!

禅风艺境

Zen and Art

项目名称：沈阳华润二十四城
设计公司：李益中空间设计
硬装设计：李益中、范宜华、关观泉
陈设设计：熊灿、欧雪婷、李晴
施工图设计：叶增辉、胡鹏
撰　　文：关观泉、梁薇薇
主要材料：橡木地板、翅木饰面板、黑色拉丝不锈钢、白色人造石、白金沙大理石、墙纸、布艺硬包、园林木地板

禅，是一种生活境界；禅，又是一种受用，一种体验。唯有行者，唯证者得。禅本是静虑、止观的意思，强调心灵的参悟，它的最高境界乃是“空”，让人追求心无挂碍的灵魂悟诗与禅的结合。自有新境界出现，即心与物交融而使美的情感与物象合一。

该项目户型建筑面积 154 平方米，四室两厅居室，户型方正，使用率高，大气通透，开阔灵动。

吧台半开放，有种隔断强烈的秩序感，再配以画龙点睛的造景艺术。客厅完美的对称、细腻简洁的线条，形似枯山水的地毯，以形写意、以意传情。

餐厅正对着外景的大露台，用餐时可观赏窗外美景，心情愉悦舒畅。

家，是一个温馨的地方。在这繁华的都市中，我们希望它具有宁静的氛围，来使得这个家变得安详惬意，让人全身心得到伸展，从而回归本性。

“行深般若波罗蜜多时，照见五蕴皆空”，也就是无我的时候，一切烦恼与痛苦得到解脱，继而在清净中获得大智慧。

“东方意境的禅风，禅的意义就是在定中产生无上的智慧，以无上的智慧来印证，证明一切事物的真如实相的智慧，这叫作禅。”

空间既是作为环境的烘托，也是业主对人文的理解和态度。

精神
司空图

欲返不尽，
相期与来。
明漪绝底，
奇花初胎。
青春鹦鹉，
杨柳楼台。
碧山人来，
清酒深杯。
生气远出，
不著死灰。
妙造自然，
伊谁与裁。

4.450(结)
水暖井
客房
公卫
茶室
厨房
吧台
玄关
主卫
上
衣帽间
小孩房
客厅
餐厅
主卧室
阳台
上

东方禅风也非常符合艺术审美，它去繁从简，界面简洁大方。空间线条干净利落，柔中带刚，刚中带柔。

方正对称的空间布局，给整体带来更多的平衡及协调感。色彩温暖、灯光柔和、简单中彰显精致。

无用之用，方为大用

Useless Is Useful

项目名称：保利茂名海湾城
开 发 商：保利华南实业有限公司
设计公司：广州道胜设计有限公司
设 计 师：何永明
摄 影 师：彭宇宪
项目面积：100 m²
主要材料：爵士白石材、新古堡灰石材、白色人造石、地砖、白色乳胶漆、青铜拉丝不锈钢饰面板、木地板、墙纸、木饰面

在这个信息爆炸的时代，每天海量的信息迫使我们的大脑每天都要去抓取各种新鲜事物。人们在享受信息爆炸福利的同时，也极易迷失在海量的信息中。约会、购物、旅游、电子阅读，这些都有着强大的诱惑力，安心读书已然成为一种奢侈。

除去繁杂的喧闹，回归恬静与纯粹。在明亮的家中打开一本书，静静地享受阅读带给我们的快乐，这就是我们的初衷。

本案功能上遵循着这一理念，客厅、餐厅连通形成开阔的空间，一面共用了景观露台，充分利用了采光与绿植，另一面共用了过道改建后形成的落地大书柜。在书香四溢的氛围里形成了客厅阅读区与餐厅阅读区两个环境。

厨房既利用趟门设计成封闭式工作模式与开放式水吧模式两种状态。家人可以共同分享厨艺操作的快乐，同时也增添了读书环境的小情趣。整个开放式空间纯净简洁，没有过多的装饰，材料上也极尽纯粹，回归自然。软装上力求舒适与贴心。沙发书箱、盆景架一体的组合；餐台、水吧台一体的组合在使用时更多了一份温馨。

卧室中除去飘窗台书架与坐榻的设置，一切都显得很清雅。使整个内外环境给予人静、素、真的感觉。

本案没有留下过多的装饰痕迹，只希望在感受着户外的绿植与室内盆景的绿意中，翻翻书、品品茶，找回那份幽静、舒心的生活。

旷达
司空图

生者百岁，
相去几何。
欢乐苦短，
忧愁实多。
何如尊酒，
日往烟萝。
花覆茅檐，
疏雨相过。
倒酒既尽，
杖藜行歌。
孰不有古，
南山峨峨。

古今交融，西学中用

The Ancient and Modern, the Eastern and Western

项目名称：香港深水湾·文礼苑
设计公司：SCD（香港）郑树芬设计事务所
设 计 师：郑树芬（Simon Chong）
项目面积：500 m²
主要材料：木地板、墙纸、布料、瓷砖、皮革、玻璃
主要品牌：Promemoria、Baker、Hamilton Conte、Bert & Frank、Heathfleld

香港深水湾·文礼苑地处背山面海的湾畔上，面积为500平方米，地下一层，地上三层。地下一层为主卧及主卫，是主人的私属空间。一层是公共空间，包括客厅、餐厅、厨房、入户花园、地面停车场。两个孩子房则分布在二层，还有家庭厅、工人房。三层是露天阳台，摆放了两组户外家具，形成简约而实用的户外休闲区。

的确，熟悉SCD郑树芬设计的人，都可以在这里看到雅奢主张的一贯基调——有别于“传统奢华”的表现形式，强调文化价值，主张空间审美以内敛、优雅，细节高质感，融合不同的文化元素，自然而不着痕迹地表现当代雅豪审美气质，赋予传统经典新的生命力。

这是一个外籍人士的四口之家，客户希望深水湾这座居所轻松、自然，有家的温度!

温暖的家总是有阳光，何况窗外还有青山蓝海的美景可欣赏，于是郑先生在空间多处使用了玻璃，餐厅隔断、客厅玻璃墙等，将室外的自然美景引入室内。

窗外青山蓝海的美景，在阳光照耀下自然引入居室，空间使用了天然洞石、自然肌理感的木地板，墙布，陈设场景自然不做作，置身其内的放松，应该是属于家的自由。

委曲

司空图

登彼太行，

翠绕羊肠。

杳霭流玉，

悠悠花香。

力之于时，

声之于羌。

似往已回，

如幽匪藏。

水理漩洑，

鹏风翱翔。

道不自器，

与之圆方。

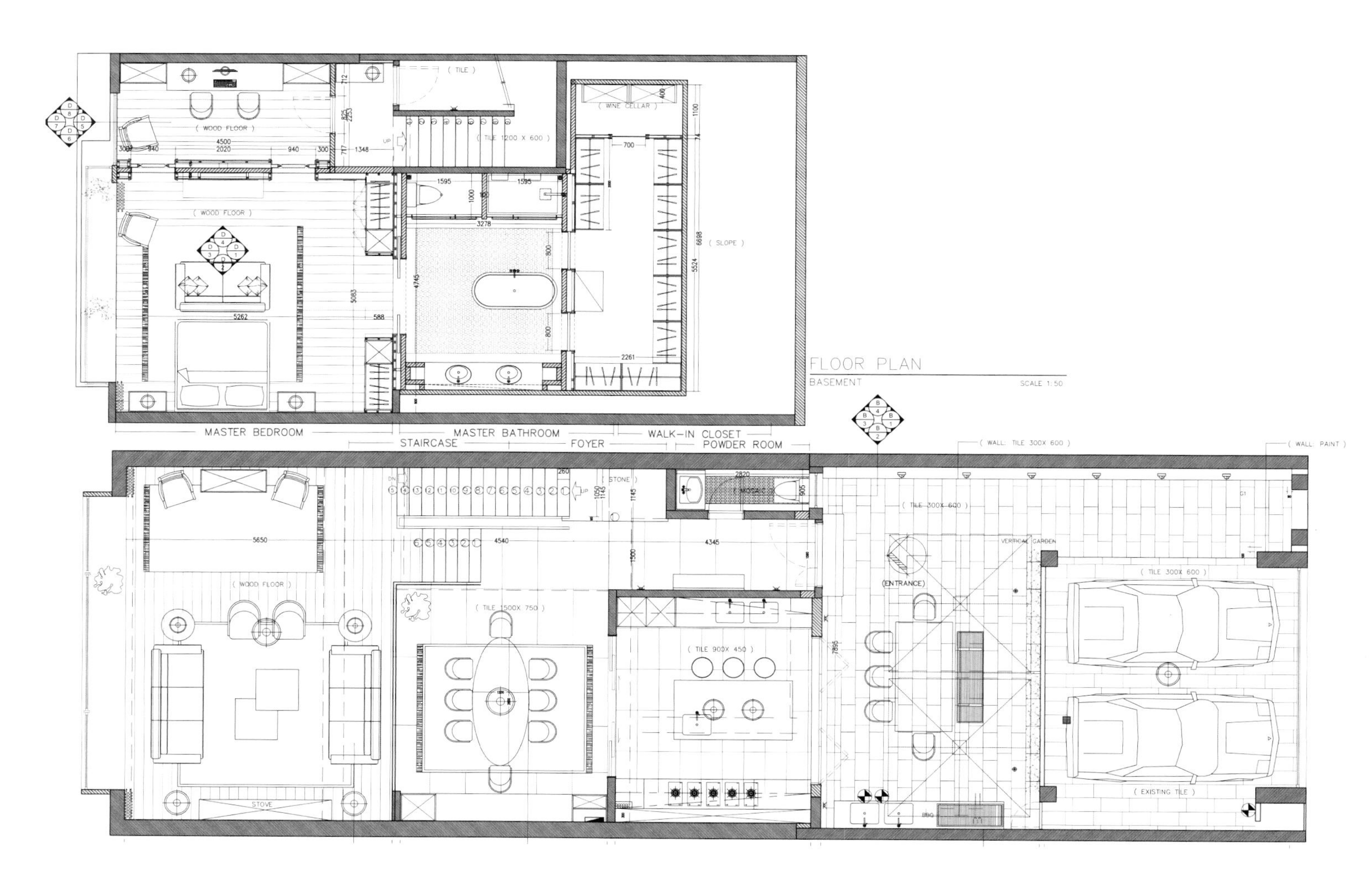
FLOOR PLAN
BASEMENT
SCALE 1:50
MASTER BEDROOM
MASTER BATHROOM
WALK-IN CLOSET
STAIRCASE
FOYER
POWDER ROOM
(WOOD FLOOR)
(WINE CELLAR)
(SLOPE)
(ENTRANCE)
VERTICAL GARDEN
(EXISTING TILE)
STOVE

很多外国客人喜欢找郑先生做设计，源自于他们被郑先生将中西文化经典无界结合的手法所吸引，这个家的主人也不例外。他们眷恋自己国家的文化，又向往东方文明的含蓄和神秘，郑先生无疑给予了他们满意的答案！

硬装空间设计比例简洁、精炼，材质表达将自然、质朴、工艺美感结合到位，如天然洞石、木头的自然肌理、不锈钢与玻璃的工艺组合，配以全球奢侈品牌——美国 Baker 家具、意大利 Promemoria 家具等顶级奢侈产品。

而软装方面则提炼和创造艺术氛围，大到拍卖行的一幅艺术挂画，小到一对鸳鸯摆件，都是当代著名艺术家的真品，其寓意爱和美好，全面表达东方文化意义，整体家具的质感与艺术品完美结合，缔造了雅奢真正的含义。同时整个空间将中西文化进行了无界结合。

静界

Calmness

项目名称：宁德阳光园住宅
设计公司：福建国广一叶建筑装饰设计工程有限公司
主笔设计：龚志强
参与设计：蔡秋娇、吴鹏飞
方案审定：叶斌
摄 影 师：周跃东
项目面积：120 m²
主要材料：古堡灰大理石、爵士白大理石、木格栅、木饰面、羊毛地毯

静界——感受每个空间的世界。

在设计领域，“中国风”的定义有很多种，这不单单是中国传统文化底蕴的丰富，还包括每个人对于中国元素的不同喜爱和理解，有些人喜欢中国风式的艺术形式，有些人则偏向于中国风的生活方式。当然，对于设计师来说，艺术与生活的最高融合和运用，才是设计回归艺术本源的最佳姿势。

“手绘写意画”不仅仅是一个主题，而是设计师本身对于中国风的又一种表达和理解。

客厅：写意画如同大自然本身一样，追求的是一种简洁的笔法描绘和肆意的情谊抒发。所谓“所见即所得”，在设计当中，回归本源并不是对自然风的直接搬运，而是探寻如何在有限的空间里抒发无限的创意情怀。此次设计中，设计师有意将手绘写意画运用到各个空间设计中，以及结合现代中国人的生活习性，创造出符合现代生活情境的家居新体验。在中国风的家居设计理念中，往往既追求怀旧情怀的寄托，又情不自禁地抒发自己对于品位的掌控。而艺术品作为中式家居设计理念里不可缺少的细节，也就不免成为整个设计里最具有点睛之笔的环节。在体现传统中式含蓄秀美的设计精髓之外，又置身于现代、简约和秀逸的创意空间之中，这样的家居设计，不得不使人达到一种灵与净的唯美境界中，进而迸发出更多的可能性联想。

纵观整体设计效果，尽显山水魅力，一山一水，连绵不绝。空间的整体

悲慨

司空图

大风卷水，

林木为摧。

适苦欲死，

招憩不来。

百岁如流，

富贵冷灰。

大道日丧，

若为雄才。

壮士拂剑，

浩然弥哀。

萧萧落叶，

漏雨苍苔。

视觉效果以原木色、白色、灰色、黑色等为主色调，配合软装饰品的中国高贵的蓝色调，既古风古韵，又不失典雅，给人一种大气、沉稳的感觉。再结合诗意般的自然风景画，又在空气中弥漫出清新、畅快的自由感觉。

来到客厅，设计师打破常规设计手法，电视背景墙上不做电视，以一幅山水画作为主背景，两侧设计透光材料透过木线条格栅延伸到吊顶，一直延续到沙发背景墙。沙发背景以两边传统中式留白处理，但对传统留白又做了创新，以非常干净简练的木线条手法映出空间的禅意。客厅家具款式也是设计师独立设计，打破了传统常规靠背沙发放背后的手法，以长条形的无靠边的榻来呼应留白的墙面，尽显空间少即是多的手法，干净得恰到好处。

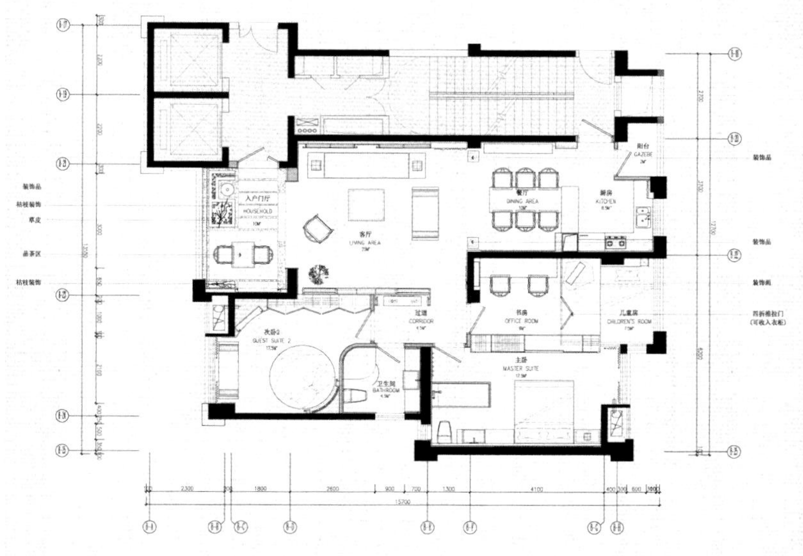

致精于艺，致敬于心

Art to Be Perfect, Respect to Be Sincere

项目名称：深圳湾 I 号 T8-B
设 计 师：梁志天
项目面积：289 m²

深圳湾 1 号位于后海中心区东滨路与科苑大道交汇处西北侧，紧邻深圳湾内湖的一线海景地块，也是从南侧深圳湾口岸所看到的第一个项目。是集办公、居住、酒店、商业于一体的高端城市综合体，将建成后海地区标志性建筑群，总建筑面积 358 000 平方米，建筑高度 70~338 米。

深圳湾 1 号周边拥有良好的生态环境和多样的休闲娱乐设施，与周边各功能组团联系密切，更是西部通道进出深港的门户。世界级的地缘优势，加之开阔宏伟的自然景观，这里天生就是给顶级富豪们占据高端资源的核心之地。

深圳湾 1 号邀请的设计师可谓星光熠熠，堪称设计师明星梦之队，包括 Kelly Hoppen、梁志天、卢志荣、李玮珉、CCD、HBA、HID、LWD、AB Concept。本案为中国香港十大顶尖设计师之一梁志天精心打造。

本案以白与棕交织出沉稳、型格却不失高贵的特质，并以简洁利落的线条勾勒出洒脱的气势。在现代设计的精髓下，整个空间以白色为主调，辅以香槟金点缀，配合线条硬朗的家具饰品，营造时尚的高贵格调。

客餐厅中央的花色地毯上，摆放了线条利落的家具，在岩石色调的电视背景墙和金色钢框边的白色天花映衬下，散发优雅尊贵的感觉。再加上富戏剧性的灯光效果，整个空间俨然散发着轻奢的光芒，令人心醉。

主卧贯彻整体的设计风格，浅蓝色扪布床背墙饰上金属饰品，配衬两侧以深色灯罩点缀的金色墙身，在浅色花纹地毯和蓝白色调的床品配合下，流露时尚优雅的氛围。户主可安坐在黑白色座椅中，远眺无与伦比的景致，放松身心。

望岳
杜甫

岱宗夫如何？
齐鲁青未了。
造化钟神秀，
阴阳割昏晓。
荡胸生曾云，
决眦入归鸟。
会当凌绝顶，
一览众山小。

举重若轻，洋为中用，海纳百川

Be Big to Drive Small, Make Foreign Things Serve China: Great Tolerance

项目名称：上海旭辉西郊别墅
软装设计：LSDCASA 事业一部
项目面积：480 m²

法国的历史和文化曾对其他国家的价值观产生了决定性的塑造作用，路易十四时期，凡尔赛宫是欧洲法院无与伦比的美学和政治典范；18 世纪末和 19 世纪初的革命史诗，启发了全球的民族解放者；19 世纪，《拿破仑法典》被新独立国家广泛采纳。直到今天，源自于 14 世纪的法兰西形貌，经由数百年演变，仍在世界艺术中被广泛提及和延续。法式建筑风格在中国的流行就是一个最好的例证。比如上海旭辉西郊别墅，承袭数百年的法式精神和审美，演绎了绝对的法式建筑和硬装风格。

LSDCASA 面对厚重的法式文明，选择以现代的简明线条勾勒，打破风格的禁锢，打造非惯性法式居所，让现代法式新生。

举重若轻，却非轻薄，而是四两拨千斤的自信。

整体空间设计中，以冲淡的精致叠加深厚的底蕴，在多与少、深与浅、古典和创新之间，轻柔踱步。在家具材质和款式方面摒弃繁复浮夸，中性的色调在比例、情绪和故事间平衡出了无限的舒适。贯穿其中的，是成块的灰蓝和跳跃的金色线条。灰蓝色来自孕育巴黎文化的塞纳河，金色来自梵高勾勒向日葵的金边。

客厅设计的主题词是"浪漫""优雅""精致"，正是法式文化和美学的精髓。灰与白的声波纹地毯铺垫了空间的质感。长沙发选用 FENDI 品牌，色调与材质均偏柔和，搭配以金属亮色的茶几，一派协调。

餐椅的造型与纹路，源自 17 世纪法式宴会的礼服，独特的浅紫色与散发淡淡光泽的长餐桌，形成优雅的第一观感。远景的灰蓝色窗帘和金属色的餐边柜，对空间形成亮色点缀。

主卧是鲜明的绅士之居，没有浮夸的装饰或色彩，一切均在平静、温和

流动
司空图

若纳水輨，
如转丸珠。
夫岂可道，
假体如愚。
荒荒坤轴，
悠悠天枢。
载要其端，
载同其符。
超超神明，
返返冥无。
来往千载，
是之谓乎。

的黑、灰、金色调中被沟通。除了作为点缀的地毯，甚至少有曲线的装饰感。在柔和的窗帘、硬装元素和家具的一些边角、纹理细节，能追溯到法式浪漫的点滴光辉。

对年长的父母，在设计中以素雅的色调和雅致的质感点缀平和，但在一些非视觉主体的部分，大胆运用了黑金线条家具，及对比感明显的地毯，添加生动的趣味。

男孩房的设计从“小绅士”的概念入手，黑白灰作为主色基本稳定了视觉调性。女孩房的设计不注重“童趣”，而是更注重艺术氛围的营造，马卡龙色的大量运用，水晶饰品的纯净通透，添加了一丝法式甜品的甜腻浪漫。

负一层的会客室，是主人释放自己的空间。2.8 米直径的水晶大吊灯和两个弧形大沙发，追求淡雅中的精致，跳脱中的和谐。窗帘和地毯的色调遥相呼应。

酒吧的设计从法式跨越到纽约的黄金时代。黑、白、金、咖的经典绅士色彩，以和谐的比例存在。空间整体视觉调性偏暗，如同醉人的夜色。

会客室的书吧以各种藏品突出文雅的情调，地毯的黑白几何图形循环往复，如同永不停歇的快乐与灵感。

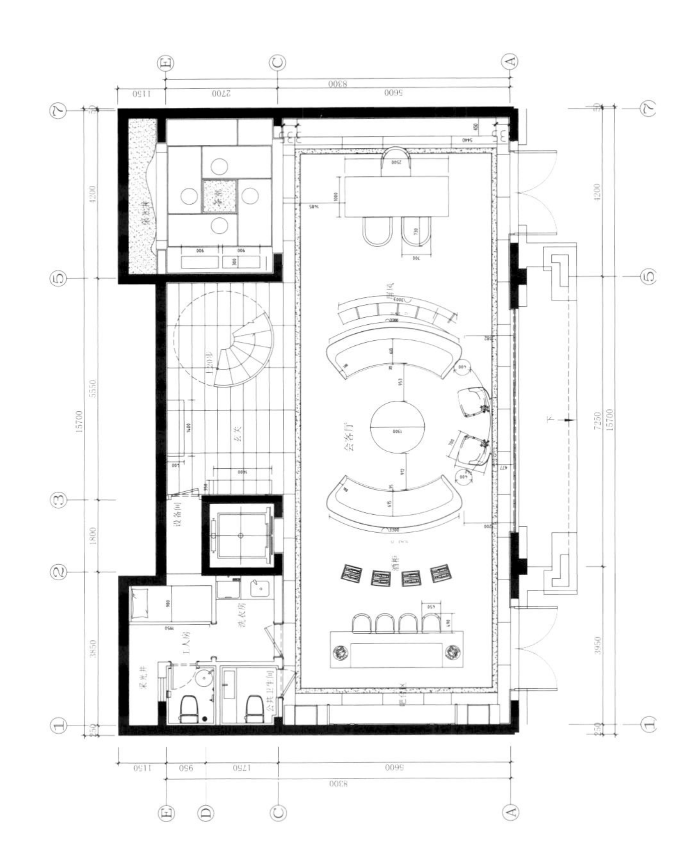

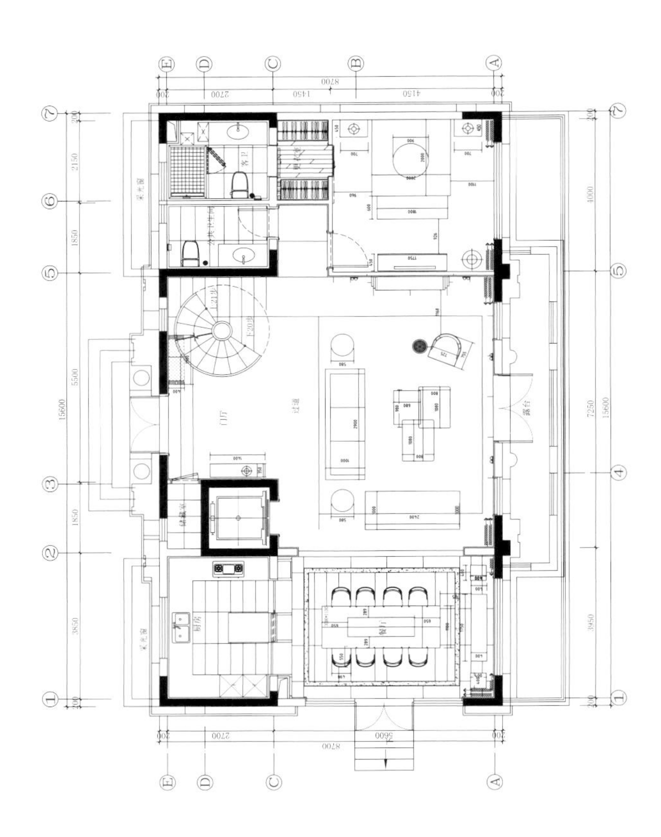

YAMAHA

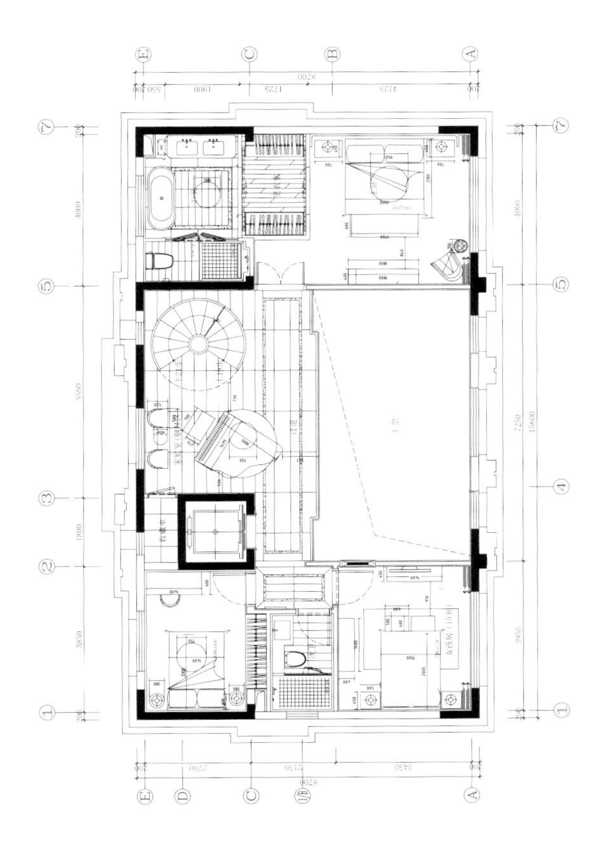

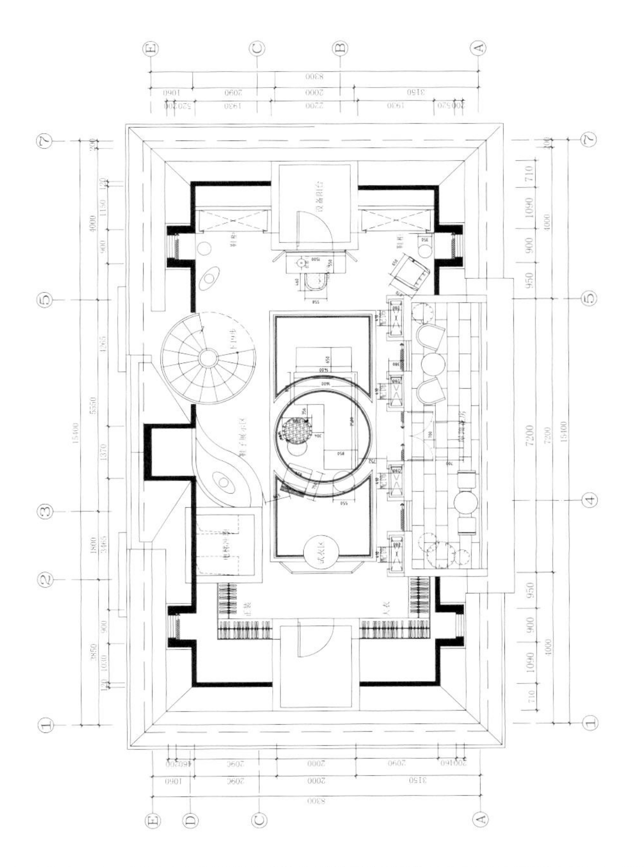

中形西态，名仕风流

Eastern and Western in Form, Remarkable and Outstanding in Celebrity

项目名称：上海绿地黄埔滨江
软装设计：LSDCASA 事业一部
项目面积：142 m²

在样板间设计中，LSDCASA 看到一个趋势，基于传统的开发商导向的样板间在减少，为激发生活期待而设计的个性化样板间越来越多，尤其在改善型和豪宅类产品中，优秀的甲方和设计公司一起在推动转变。于是有了 LSDCASA 与绿地集团合作的黄埔滨江。

基于标准化的品质精装，加上基于个性化的顶级软装，模糊了家和样板间的边界。样板走向反样板，设计走向反设计，真实的生活得以在设计中安放。

客厅：低纯度的蓝与大地复古色系。边几上体现主人收藏趣味与复古情怀的学院派复古黄铜台灯，大理石与真皮桌面和黄铜收边，无时无刻不散发着怀旧情怀与雅痞气质。

主卧：主卧色彩基于克制的变化，手工皮革床、讲究的把手细节、充满温度质感的毛毯与真皮方枕，以精致讲究与克制构建一个雅痞绅士的居住空间。

次卧：色彩的礼赞是找寻世界最初样子的途中最美的风景，结合巴宝莉（Burberry）经典格纹与几何元素，活力氛围与优雅腔调微妙融合。

超诣
司空图

匪神之灵，
匪几之微。
如将白云，
清风与归。
远引若至，
临之已非。
少有道契，
终与俗违。
乱山乔木，
碧苔芳晖。
诵之思之，
其声愈希。

STAR WARS
STAR WARS
STAR WARS
CALENDAR COLLECTIONS

KEEP EARTH

闲来无事半盏茶，半掩书香看落花

Leisure in Tea, Reading over Falling Flowers

项目名称：成都中洲中央城邦 6B 户型样板房
开 发 商：中洲集团
设计公司：逸尚东方
项目面积：160 m²

当今时代，太多的人都想着“走出去”。可是，走出去以后，莫要忘了“走回来”。繁芜的世事让人心蒙尘，“回家”，无需殿宇华堂，择一城而居，远离市声喧嚣。本次作品分享的这个“家”，位于中国最宜居的城市之一成都。跟随“回家”的心愿，我们秉持“去设计”的态度，让设计“归来”。

客厅开放的空间格局，富有中式风情的设计语汇，打造出自由、清新的空间氛围。电视背景墙左右两边对称的银镜饰以棕色窗格图案，格外醒目，与沙发背景墙面花鸟题材漆画遥相呼应。投影镜中的画面透过窗格若隐若现，几分栖居诗意的美感油然而生。视线转移至茶几旁两个缠枝花卉纹绣墩，与高几上釉有黄彩的将军罐对应，赏心悦目，古朴端庄又颇具典雅儒风。窗帘、沙发座椅、地毯上天海一色的湖水蓝为空间带来无限宁静。

主卧飘窗小景与大空间的融合营造出“闲来无事半盏茶，半掩书香看落花”的意境。把盏一杯香茗，茶淡如清风，任丝丝幽香，冲淡浮尘润泽心灵，让其味超尘脱俗。

闭门只为书卷香。看书的时候，枝枝文竹淡然地生长着。风过疏竹，风去竹不留声，回眸处却有竹色与我们劈面相约。市声消弭，静室生香，在光与影的变化下，安静的书房有一种淡雅的朦胧美，流动着空灵的禅意氛围。

安徽学者汪军先生有这样一段话：“大抵上人生同时朝两个方向进行，且并行不悖。一是欲望和业力牵引的，走向老年及肉身的毁坏；一是心灵牵引的，走向童年及初心的苏醒。”我们为中国元素加入了自己的理解与创新，反对多余设计，将经典与时尚融于同一种个性中，赋予了家居生活新的精神与内涵，既回归设计初心又对生活充满热情。

高古
司空图

畸人乘真，
手把芙蓉。
泛彼浩劫，
窅然空踪。
月出东斗，
好风相从。
太华夜碧，
人闻清钟。
虚伫神素，
脱然畦封。
黄唐在独，
落落玄宗。

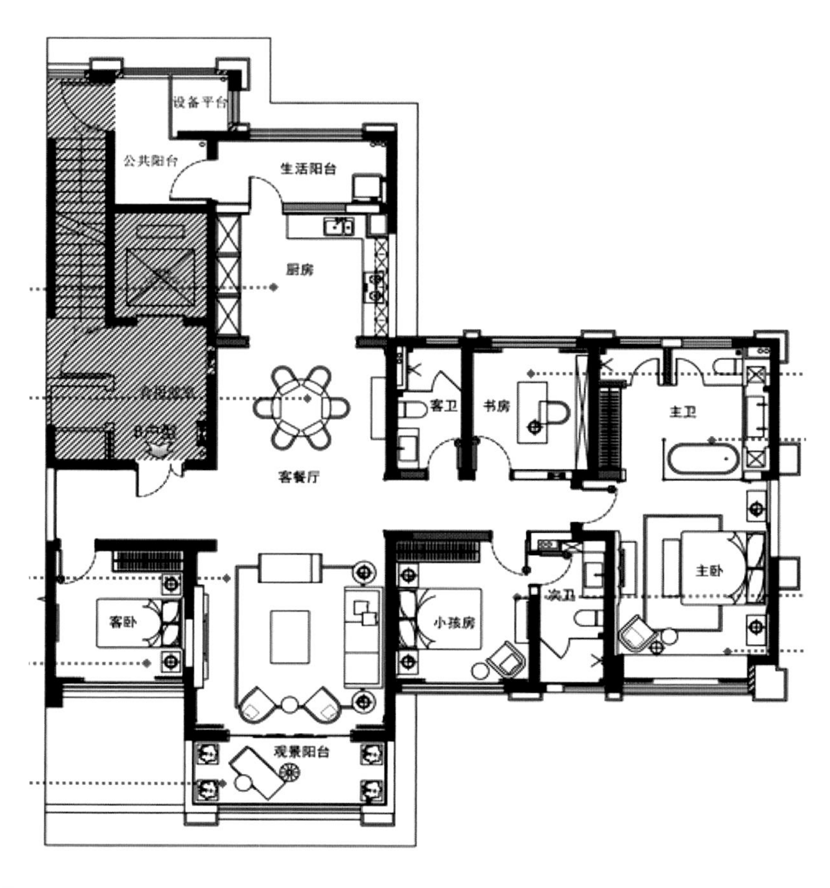

设备平台
公共阳台
生活阳台
厨房
客卫
书房
主卫
B户型
客餐厅
主卧
客卧
小孩房
观景阳台

眷红偎翠，让素胚私藏在岁月里

Red and Green to Weave Simplicity into Time

项目名称：复地御西郊
设 计 师：连自成
软装设计：李曾娜、方丽云
项目面积：360 m²
项目地点：上海
主要材料：家具瓷器品牌德国 Meissen

土地没有属性，让一个区域闪闪发光的永远是人和凝结于土地之上的故事。对于承载中国飞速国际化发展的上海来说，它的传奇总是与西郊脱离不了干系，正如张爱玲所说：“上海的有钱人，一定要在虹桥路买地盖别墅。”

说起上海的西郊，可谓当地有名的一处地标，拥有厚重的历史人文积淀，纵观历史更像一处星光熠熠的名利场，留下过多位王子、公爵、总理、诗人以及电影明星的故事。在浓郁的绿荫下，掩映的是不为人知的奢华和繁荣，更是从容、稀有、气质的代名词。

基于西郊片区内将不再拥有再造居住区的土地，复地御西郊此次全球首推的“一线林海精品”，或将成为拥有西郊的最后一个可能。样板间设计由著名设计师连自成亲力打造，在这个充满贵族感的空间中，他让东方人文与艺术相亲相融，一切如时间般在这里模糊了界限。

像一棵树，站成永恒，没有悲欢的姿势。一半在土里安详，一半在风里飞扬；一半洒落阴凉，一半沐浴阳光。这是御西郊建筑环境的真实写照。以周围百年树海为依托，连自成营造了一处安静的世外桃源，一所难得的栖息之地。

“这一套空间的设计，更多想从东方的历史人文中抓取一些元素，中国历史悠久，文化博大精深，可汲取的元素很多，同时，我们的目的就是要设计一个居住的环境，像百年树海一样，流传很久，就像欧洲的住宅一样，你可以看见岁月的痕迹，有故事、有文化，富有感情，而样板房缺少的其实就是感情。”连自成说。

文化可由建筑凝固，同样可由建筑复苏。习物、匠心，连自成注重中国古代的匠心精神，精细的程度，在快速消费时代下，与现代的机器制造形成反差。他选择德国瓷器品牌作为空间装饰的主角，不仅致敬了中国文化，也借由国外设计师西化的手法演绎出别样的中国面貌。

飘逸
司空图

落落欲往，
矫矫不群。
缑山之鹤，
华顶之云。
高人画中，
令色絪缊。
御风蓬叶，
泛彼无垠。
如不可执，
如将有闻。
识者已领，
期之愈分。

这些陶瓷艺术品大都以动物造型出现，对此，连自成有自己的看法，他说：“人工加工设计过的东西总缺少了些原始的韵味和气息。因此瓷器以动物造型出现，以自然生态为出发点，反映了人对自然的谦卑和尊崇。”动物雕刻品本身的线条和肌肉形成了一种栩栩如生的自然状态，因此以不加修饰的白瓷为载体，更能体现出野性的张力。

在客厅的设计中，沙发茶几以及龙纹图案的靠枕、锦鲤的银箔版画、跳跃的中国红，这些传统元素在黑白色的家具灯具的简洁中跳脱出来，这种传统与现代的混搭，让整个家中都找不到不够格调的平庸死角。

除此之外，色彩是审视空间风格的最大依据，如同法国国旗上的经典配色，饱和度偏低的红与蓝，结合明度较高的象牙白、鹅黄或金色，组成了经典法式家庭的色彩感受。而这些感受被连自成完好地演绎于卧房的设计中。

“对我而言，是处在寻找‘我是谁’的路上，几百年前的中西碰撞，有了德国的蕴含中国味道的瓷器和织物，现在，我让他们再次相遇。”连自成说。

家是被传承的，从大的民族文化，到小的温馨家庭，这里承载着很多故事：成长、个性、喜好。人和房子需要相处，慢慢的，才能滋生感情，等到房子有些旧了，那种老朋友的感觉就出来了。

儒雅绅士，从容淡然

Learned and Refined, Unhurried and Indifferent

设计公司：柏舍设计（柏舍励创专属机构）
项目面积：143 m²
项目地点：湖南长沙

《论语》里描述儒雅之风，谓之“温而厉，威而不猛，恭而安”，本质为内敛低调的气质与风度。本案正是以向往东方情怀的家庭作为切入点，融合绅士阶层对住家与私人接待空间的概念设想，营造出似儒雅般从容淡然的生活空间。

会客厅的色彩秉承传统古典风格的典雅和华贵，满布背幅的黄花装饰画，道出空间温厚宁静的物语。

餐厅在温润的古韵中渗透着几许现代气息，使用餐变得有格调而不显压抑。

卧室的设计更讲究线条流畅，融合着精雕细琢的东方意识。背幅墙的花卉雕刻，将简洁与复杂巧妙地融合，既透露着浓厚的自然气息，又体现出巧夺天工的精细。

几处飞鸟起舞，数片竹叶飘扬，书画、茶道的生活细节穿插其中，过目难忘的居室氛围，传达出居者崇尚道法自然和淡然儒雅的生活味道。

锦瑟
李商隐

锦瑟无端五十弦，
一弦一柱思华年。
庄生晓梦迷蝴蝶，
望帝春心托杜鹃。
沧海月明珠有泪，
蓝田日暖玉生烟。
此情可待成追忆？
只是当时已惘然。

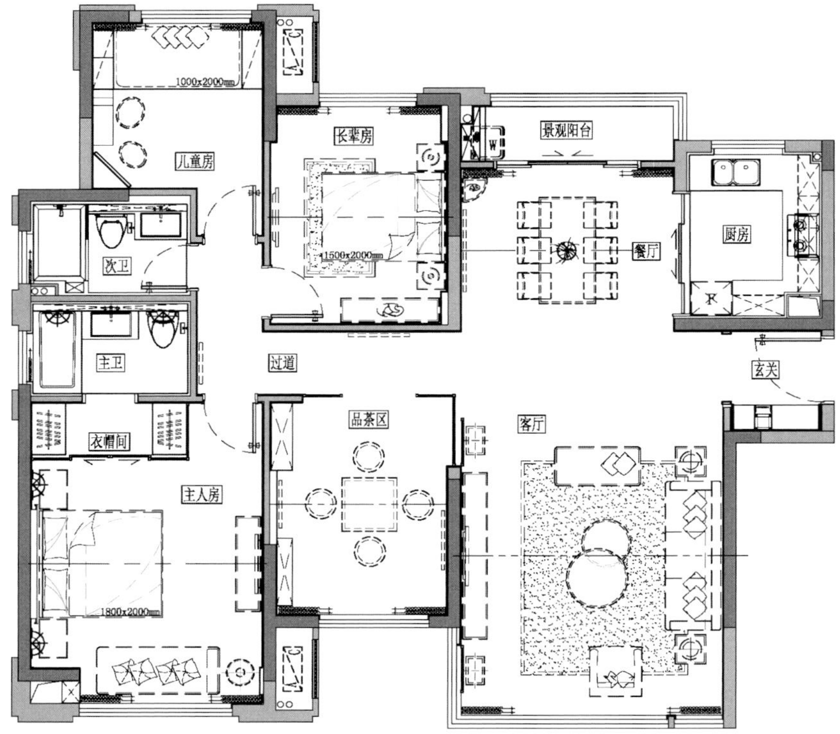
儿童房
长辈房
景观阳台
餐厅
厨房
次卫
主卫
过道
玄关
衣帽间
品茶区
客厅
主人房

万般相逢如初见

First Encountered

项目名称：惠州中洲天御一期 5# 样板房
设计公司：逸尚东方
设计总监：江磊
设 计 师：杨李浩
项目面积：138 m²

"即使走过无数次的路，也能走到从未踏足过的地方，正是走过无数次的路，才会景色变幻万千。新中式风格逐渐成为当下时尚潮流，呈百花齐放之态。我们不断探索新的思考方式，打造别具一格的设计空间，将古典浪漫情怀与现代生活要求相结合，带来居家生活新体验。"

在本案中，设计师意在营造一个轻盈、放松、无拘束的空间氛围，随时享受茶香，坐下顺手翻书，一切自在随心。茶室与餐厅相互连通，开敞空间里，以咖啡色为主要色调，古朴气质油然而生；加入金色，以打造高雅品茶环境。一二知己，相对而坐，交谈甚欢。透过中国传统茶文化，体味岁月，感悟人生。

老人房的飞鹤图让人眼前一亮。鹤在中国的文化中占有着很重要的地位，老人房床头背景选用两只鹤向着太阳高飞的图案，取其吉祥意义"松鹤长春""鹤寿松龄"，作为益年长寿的象征。

"生活所需的一切不贵豪华，贵简洁；不贵富丽，贵高雅；不贵昂贵，贵合适。本案在空间风格和色彩定位上共同营造出舒适、自然的居室环境，让业主在一种悠闲的情绪中，享受美好生活。"

无题

李商隐

相见时难别亦难，
东风无力百花残。
春蚕到死丝方尽，
蜡炬成灰泪始干。
晓镜但愁云鬓改，
夜吟应觉月光寒。
蓬山此去无多路，
青鸟殷勤为探看。

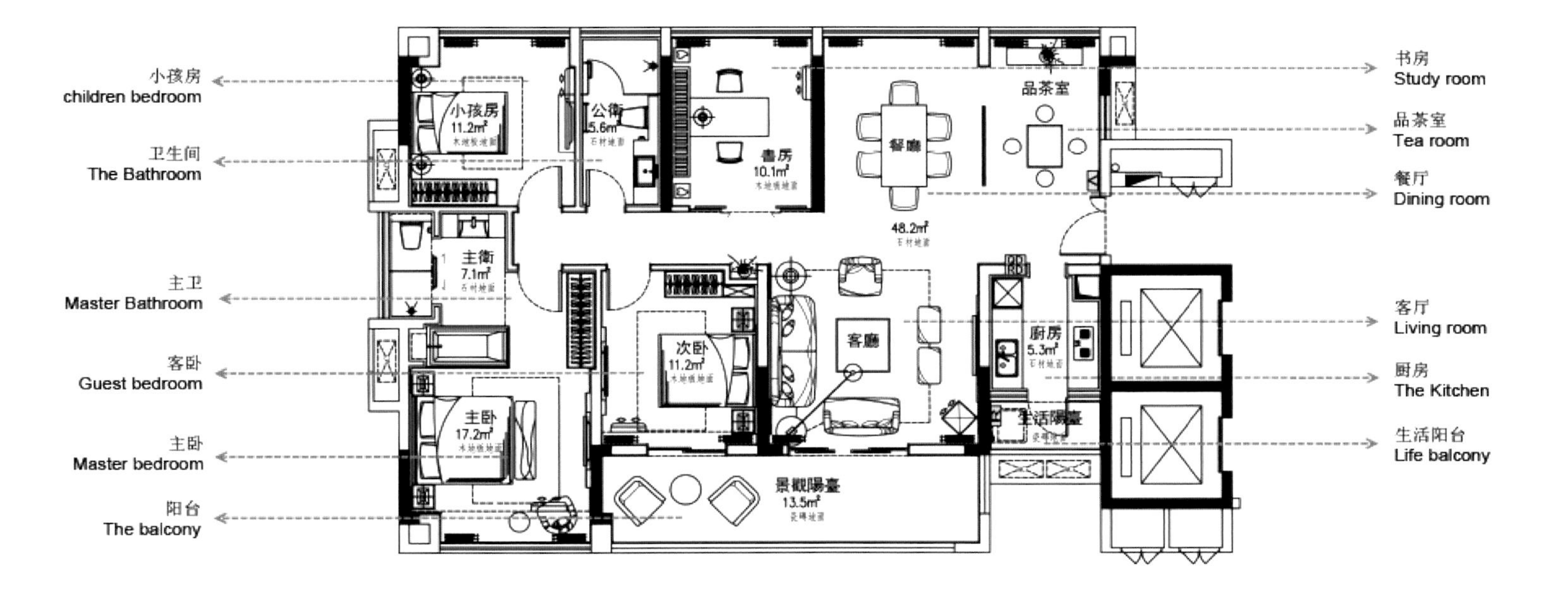

小孩房
children bedroom
卫生间
The Bathroom
主卫
Master Bathroom
客卧
Guest bedroom
主卧
Master bedroom
阳台
The balcony
书房
Study room
品茶室
Tea room
餐厅
Dining room
客厅
Living room
厨房
The Kitchen
生活阳台
Life balcony
小孩房
$11.2m^2$
公衛
$5.6m^2$
書房
$10.1m^2$
品茶室
餐廳
$48.2m^2$
主衛
$7.1m^2$
次卧
$11.2m^2$
客廳
厨房
$5.3m^2$
生活陽臺
主卧
$17.2m^2$
景觀陽臺
$13.5m^2$

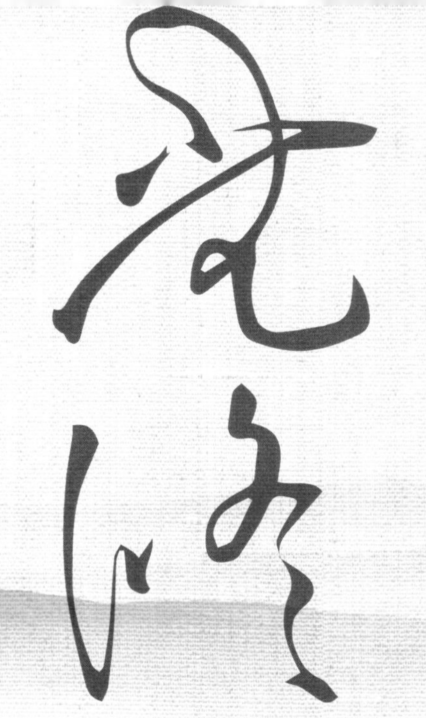

纤美如丝，硬朗如钢

Delicate as Silk, Tough as Steel

项目名称：南昌铜锣湾 11#B 户型
设计公司：柏舍设计（柏舍励创专属机构）
项目面积：350 m²

设计师以细腻灵巧的手法，描绘了多竖向线条布局，有的柔美雅致，有的遒劲而富于节奏感，横竖碰撞，完美交集。

客厅在风格营造上体现出设计师细腻灵巧的手法，整体空间以米白色和灰色皮革为主色调，辅以金黄色、咖啡色搭配，多竖向的分布设计，结合天花有规则的造型，令线条横竖碰撞，完美交集，带有硬度的金属质感桌子，表达率真，借助皮质沙发缓解僵硬感，令空间不致过于沉闷。

餐厅与吧台采用开放式的设计手法，巧妙地运用香槟金隔断稍作区分，如此一来，宽敞的视野自然成形，动线的自由度在无形中也强调出空间的功能划分。水晶灯的使用，更创造出令人惊喜的视觉重心。

主卧以深浅不一的棕色搭配，烘托了休闲放松的氛围。经典的花纹和柔软的毛毯，富有沉稳度，不显山露水，但随处可见内涵细腻。

无题

李商隐

飒飒东风细雨来，

芙蓉塘外有轻雷。

金蟾啮锁烧香入，

玉虎牵丝汲井回。

贾氏窥帘韩掾少，

宓妃留枕魏王才。

春心莫共花争发，

一寸相思一寸灰。

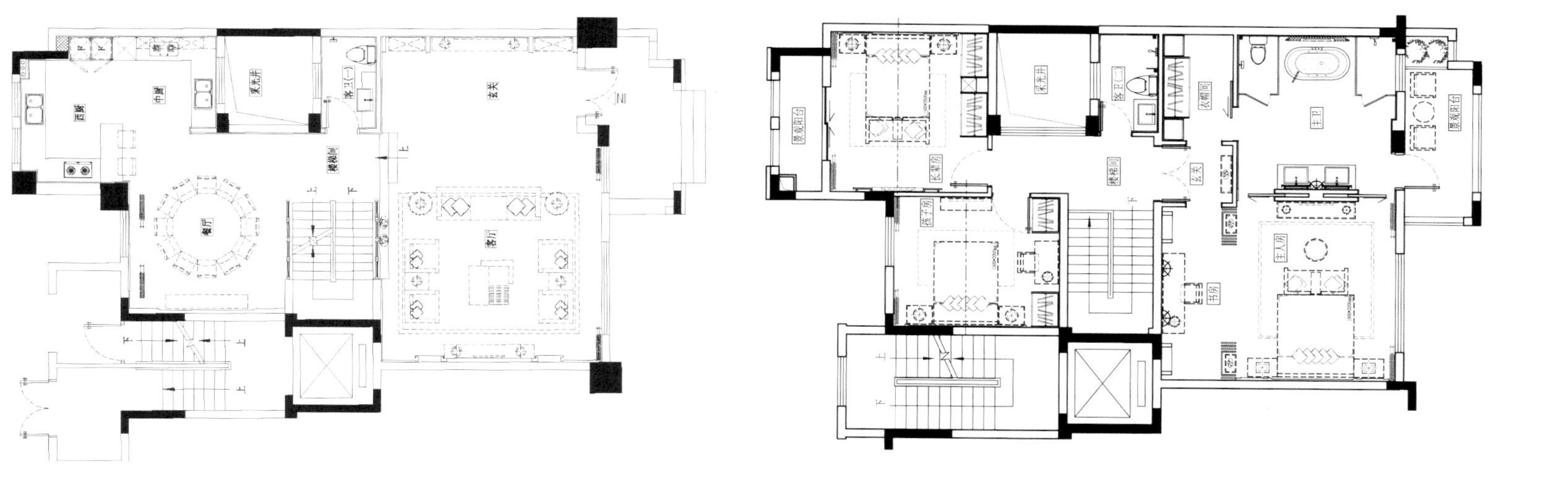

诗意地漆居（漆艺博物馆）

Poetic Land and Lacquer Residence (Lacquer Art Museum)

项目名称：深圳漆艺馆
设 计 师：黄锋
项目面积：260 m²
主要材料：砂岩石、柚木、地毯

中华民族的智慧，在上下五千年的历史长河中熠熠生辉。依据文献记载和文物出土信息，现代人得以了解古人的生活方式；再由于血脉的传承和文化的熏陶，人们对遥远年代依旧有着熟悉而亲切的感知。

早在新石器时代，古人就认识了漆的性能并调配颜色，用以制器。至明清时期，工艺技法达至鼎盛。其中福州漆器又以造型美观而富于变化、轻巧而坚韧的特点闻名中外。

出于对传统工艺的珍视和对匠心精神的敬意，在计划将福州的漆产品品牌推向深圳市场之际，业主邀请了颇通漆艺的设计师黄锋创作了一个漆艺空间，以专业、新颖的视角解读漆、演绎漆之美，从而填补了深圳同类项目的空白。

如何表达漆的美感和文化价值、又与深圳年轻时尚的气质融合，成为项目最大的挑战。与传统的先设计空间再进行漆产品陈设的手法不同，黄锋提出了“整装定制”的概念，从空间到陈设，充分展示出漆丰富的装饰性，并融入现代美学理念，链接古与今的情感交流，呈现出一个意境深远的漆艺空间。

凉州词
王翰

葡萄美酒夜光杯，

欲饮琵琶马上催。

醉卧沙场君莫笑，

古来征战几人回？

漆艺馆集办公和展示功能为一体。入门处的森林主题装饰墙板作为都市生活和自然氛围的过渡，将客人引入幽静雅致的环境中。暗色调的空间中，蓝、绿、红装饰画成为焦点，目光随着光影推移，明暗变幻的艺术品渐次出现，共同谱写出空间的协奏曲。接待大厅地板采用了砂岩石，令空间更加自然质朴，光亮的镜面提升了整体的宁静氛围。其他独立展示区则铺设了地毯，以增强舒适度和体验感。定制的展示柜采用色彩温和的木材，用最自然的方式呈现漆艺之美。展示柜覆以数量不均的格栅，线条与平面的结合错落有致，无格栅的格子作为重点展示区，格栅罩面的区域辅助陈列，主次分明，更有利于引导客人欣赏艺术品。在灯光设计上，设计师只留地面两侧灯带作为照明，天花板上特别选用了石英射灯，展示柜则采用暗藏灯带，最大限度地烘托漆艺术品的丰富肌理和特有质感。

为了臻于完美，所有的漆器漆画，在设计师设计空间之初，就已同步确定概念和方案，再由青年艺术家创作而成。在这个无处不艺术的场所中，人们欣赏着既现代又古老的精湛工艺，感受着漆的美感和神韵。

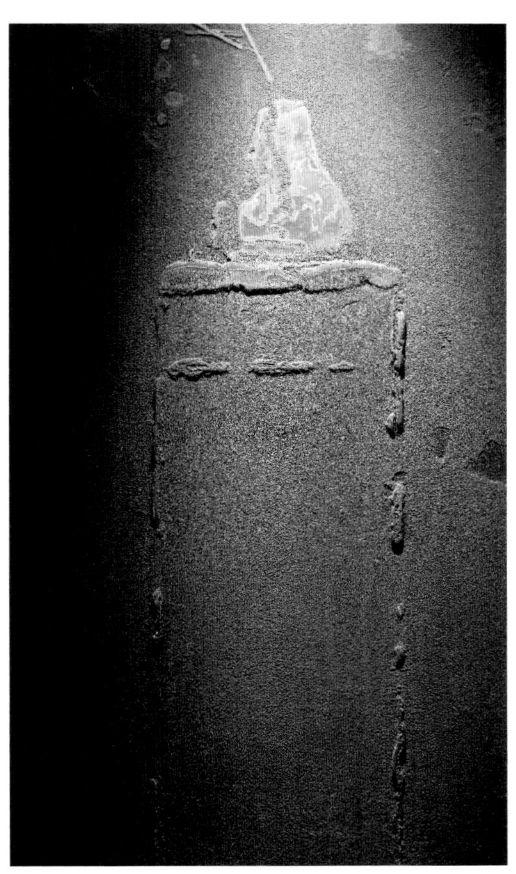

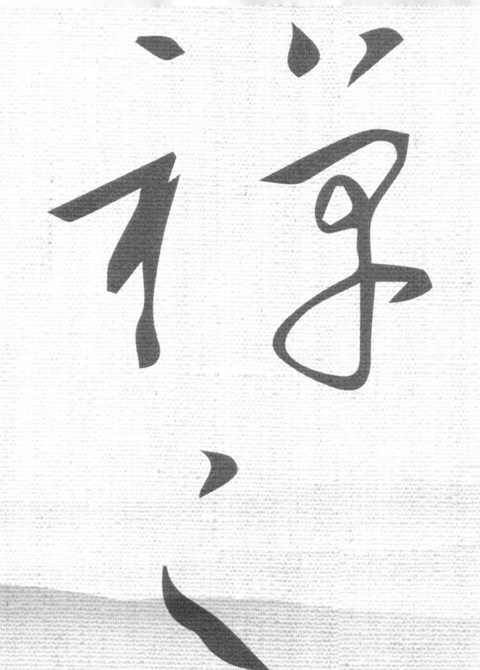

涅槃重生

Rebirth

设计公司：品川设计
设 计 师：林新闻

这是一套二次设计的作品，在欣赏它的设计之前，让我们先了解它的背景。2015年夏天，业主的新家因甲醛超标问题，家人身体受到很大影响。面对新家存在的安全隐患，在考虑是卖掉房子还是重装时，业主因特别喜欢融侨外滩，便通过朋友找到了我们的设计师。初次面谈后，即刻前往新家，在打开房门瞬间，一股刺鼻味道扑面而来，经过观察与分析后，最终确定问题出在设计了大面积的硬包与木饰面，其背后打底的是劣质夹芯板。另外大面积木作都采用传统的油漆工艺也会产生甲醛危害。甲醛是一种高毒性物质，也被称为室内环境的第一杀手。

那么此番二次设计及施工的其中一个重点就是在用材、用料上尽量避免采用有带甲醛隐患的装修材料，另一个则是房子风格上的再定义。

房子主人周游列国，接触过许多不同的中西方建筑及家居风格。之前房子已有过不同风格的装修经历，最后还是想要回归“简单、自然、环保、实用”为核心的家居理念。通过与设计师进行多次沟通，决定来挑战一次以木色系为主的和室风格。除此之外，设计师以强调环保和提升生活品质与细节最优化为基础，对房子进行了重新规划，拆除了所有硬包和木饰面，包括功能布局提升了原有的设计缺陷。在选材上也格外慎重，全部采用天然且环保的枫木和原木家具，来营造屋主理想的和室禅风。

有时一个好的设计，不在于堆砌多少名贵家具用品，不在于装饰得多么花团锦簇，而在于给家人以安心，给身体以健康，给生活以品质，给行动以便利，这些才是设计的核心价值所在。

凉州词
王之涣

黄河远上白云间，

一片孤城万仞山。

羌笛何须怨杨柳，

春风不度玉门关。

客厅

在这个白色和原木色组合的空间里，客厅和餐厅之间采用开放式设计，且在客厅的一侧结合了原有建筑的落地玻璃，使得整个空间更为宽敞透亮。家具和其他木作都选用了环保自然的原木，表面则涂抹天然木蜡油保护。

客厅灰色的棉麻布艺、米色的地垫和墙上不规则的圆形挂画相呼应，完美演绎了和风、一种“有缺”的禅意。素色空间难免会显得单调，巧妙地利用细节点缀能获得很好的效果，如设计师在客厅放置的绿色玻璃瓶和绿植的融入能够有效地增强空间活力。

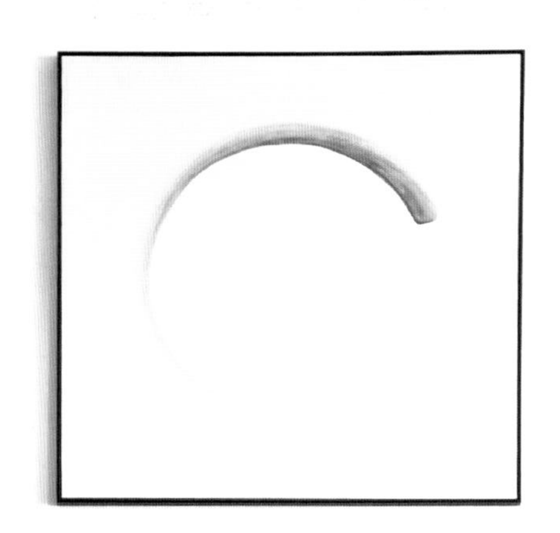

玄关

从风水学的角度考虑，设计师在走廊前设置了一个玄关，不仅保证了功能，也对空间起到了修饰作用。玄关前铺设了灰色地砖，悄然将客厅和餐厅分割成两个功能区块，既起到了过渡作用，又不阻塞空间。

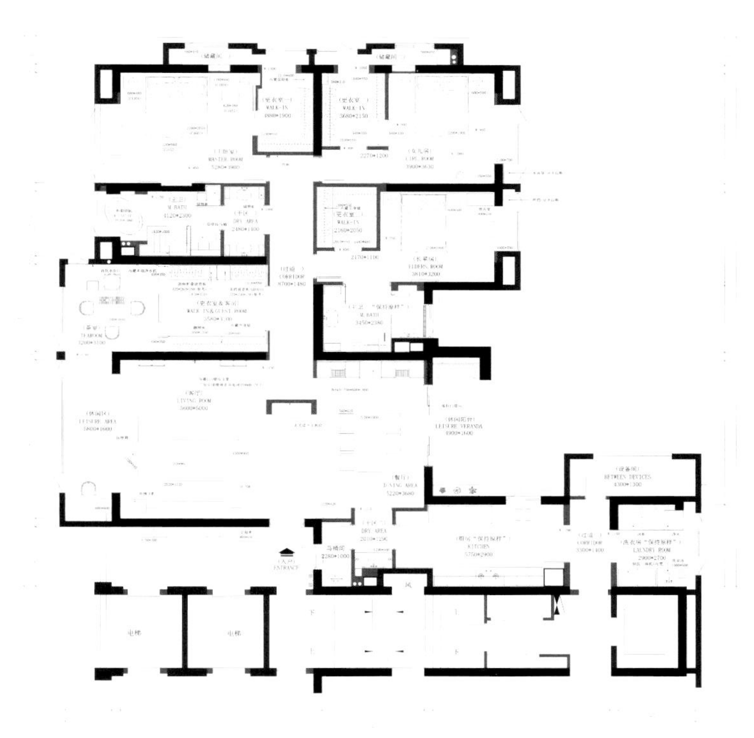

茶室

客厅电视墙的一侧是茶室入口，进入茶室即可看见一整面的内嵌柜子，其中摆放着屋主的各种收藏。静坐于此，煮上一壶茶，会一会老友，就着茶香木香，谈天说地，这才是生活原本的模样。

餐厅

餐厅在格局装修上从顶到地都是最天然最朴实的材料，线条清晰，布置优雅，木格拉门，洋溢着浓郁的日式风情。

书房

闲置的墙角位置活用为书房，内嵌式的设计进一步地节省空间，木质的书架和书桌简单又实用，紧扣家居风格。

卧室

玄关后面即走道，这面玄关也是一道屏障，分隔了公共空间和私密空间。因房子每位成员的私物较多，设计师在每间卧室里都设有单独的衣帽间，秉承空间为人服务的设计理念，注重每个居住者的生活品质。同时，每个卧室都设计了隐形储物柜，在保证干净整洁的基础上满足收纳功能。

主卧的木质床架和蓝白的推拉门尽显清晰自然质感，推拉门后是电视墙，如此设计既保持空间明净，也美化了单调的背景墙。

长辈房和女儿房同样布置简约之至，但设计师针对他们的需求做出了不同设计，长辈房设置了内嵌的博古架，可放置收藏品，修饰空间的质感。女儿房则设置了窗前吧台，既美观又实用。

在这个素色空间里，日式的环保自然、淡雅节制展现得淋漓尽致，仿佛有一种魔力，让都市人返璞归真。设计师以居住者的角度思考，设计了更衣室、柜子和隐形门，甚至是一些小细节，也都是为了提升居住者的生活品质，更为了让居住者享受生活最简单、最舒适的状态。

以水为引，落花归燕

Guided with Water, Falling Flowers and Returning Swallows

项目名称：平潭正荣润海 9# 楼 201 户型
设计公司：柏舍设计（柏舍励创专属机构）
项目面积：140 m²

所谓伊人，在水一方；亭亭静立，韵味东方。客厅主幅的浅色皮革结合雅士白大理石，文人气息油然而生。自然花鸟主题的装饰多以留白处理，将中式天人合一的神韵用现代的设计手法带入室内。

餐厅以水为引，落花归燕，从东方女性的角度诠释现代中式文化淡雅之美。墙身飞鸟以为天，桌面藤蒲以为地，匹配精致的现代餐具。白橡木饰面将淡雅之调引入主卧，具有象征意义的床品、吊灯及壁灯遥相呼应，纹理感极强的深色皮革与水墨画交映生辉，连同那一点跳跃的中国红，都诠释着现代东方之美。卧室一旁的书房，书桌古凳，麻席茶案，入世可招朋待客，出世亦可修养身心。

客卧简洁的金属线条配以东方韵味的软装摆设，带来高品质的舒适生活体验。

家具是中式的精华部分，线条简洁的明式家具，或几或案，渲染着各个空间。公共区域地面铺设白木纹大理石，如水如墨，宛在水中央。整个空间主幅大面积采用白橡木皮和浅色系的墙纸，搭配细致的金属线条，细致淡雅。

金缕衣
无名氏

劝君莫惜金缕衣，

劝君须惜少年时。

有花堪折直须折，

莫待无花空折枝。

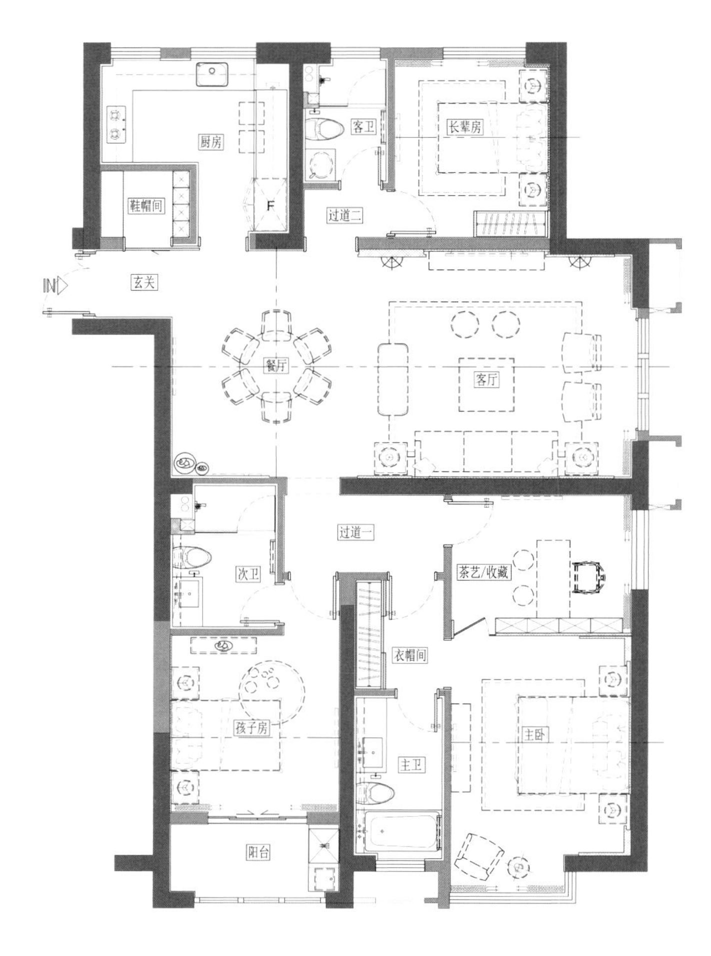
厨房
客卫
长辈房
鞋帽间
F
过道二
IN
玄关
餐厅
客厅
过道一
次卫
茶艺/收藏
衣帽间
孩子房
主卫
主卧
阳台

三國演義

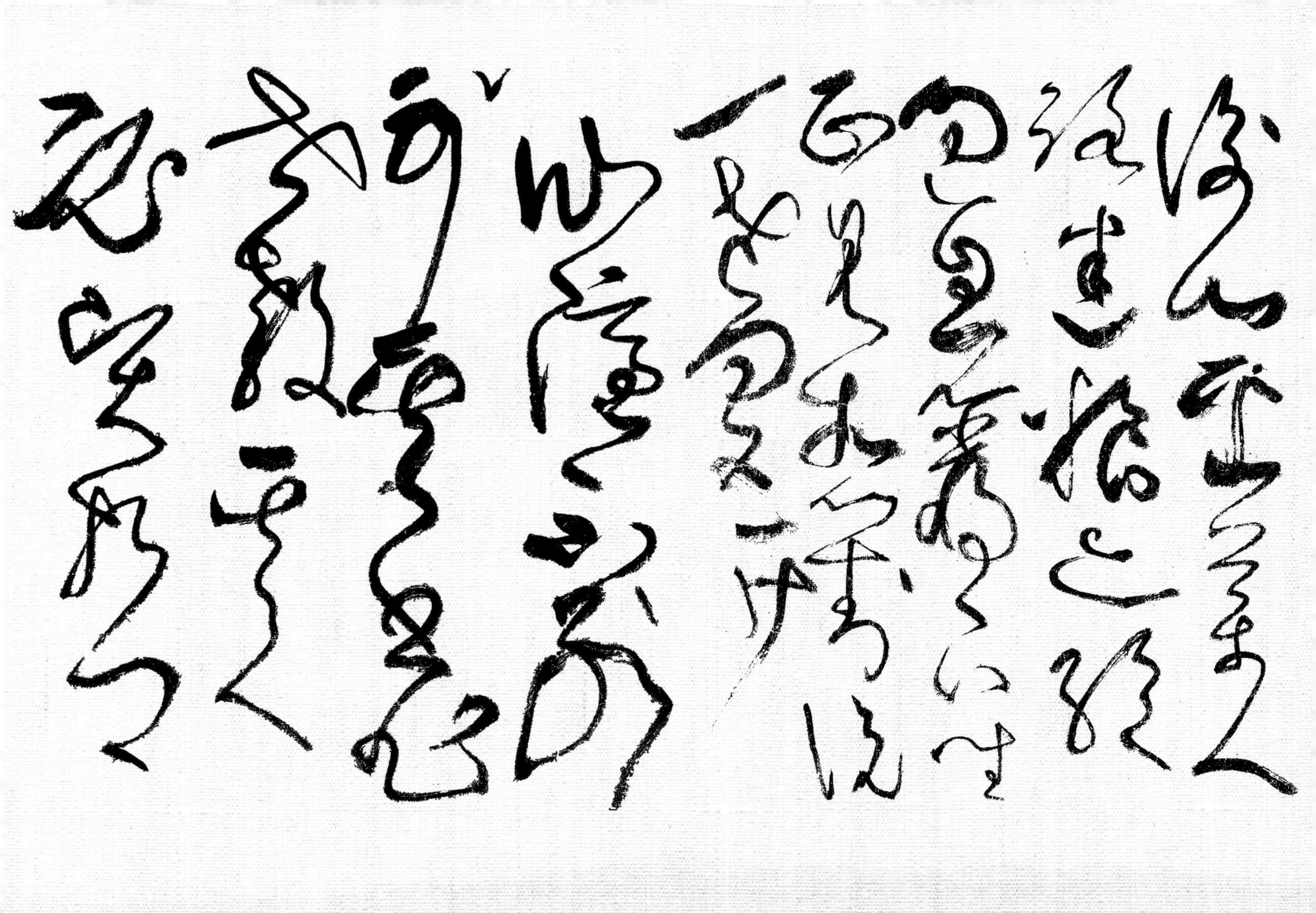

会所与酒店

Club and Hotel

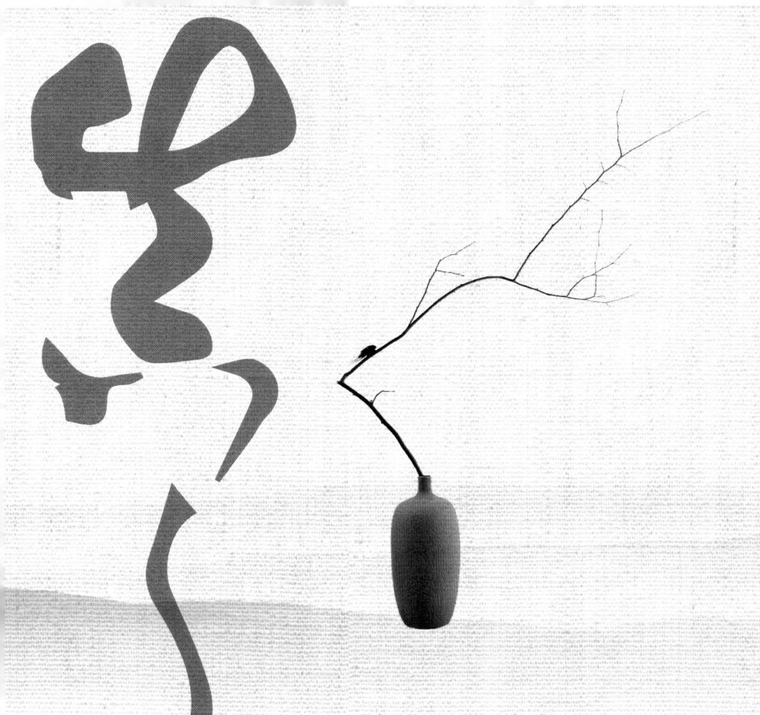

向心的引力

Gravitation

设计公司：水平线
主笔设计：琚宾
参与设计：潘琴超
摄 影 师：井旭峰
撰　　文：琚宾
项目地点：广东深圳

我一直很少写项目介绍或设计说明，因为向来记不住或没刻意记住以往的设计，满心都是未开始或进行中，已完成了的总是只留了个大致的印象。生活总是要过得有趣些的，写项目介绍这一行为本身好像与这初夏时的浓绿深红鸟鸣蛙叫并不相符。幸好这帆船会所倒也算得上是个养心、“保合大和”处，在这盛夏的开端分享给大家。

外部无标示，具体地址百度不到，但说起前身芝加哥酒吧估计老深圳也就都知道了。“藏”在体育馆首层六区 3-44 区域，以 1 000 平方米的大小坐拥着可享受体育场内 170° 的视角，观赛 VIP 的体验。

春泛若耶溪
綦毋潜

幽意无断绝，
此去随所偶。
晚风吹行舟，
花路入溪口。
际夜转西壑，
隔山望南斗。
潭烟飞溶溶，
林月低向后。
生事且弥漫，
愿为持竿叟。

主入口处有一清爽的迎宾装置，是在原建筑天花板上覆以轻质钢材，再辅以半透光膜材料而成。那许多幅见证了不同时刻的旧船帆，则通过形体变化、衔接、阵列、构建成新的形式，朦胧着、半透着铺开在廊道上方，往外散布开去。日子还很长，两旁素色大陶罐里的三角梅会慢慢地爬满整面墙。

接待大堂里的音效设置，每当进入时便会有海浪声音自动播放，一旁的人体与影像交互系统则会捕捉运动过程中的方向并以同步速度将图像展示出来。人在廊中，影映水景上，自然原石静静立在一旁。

事实上多媒体系统在帆船会所里出现了多次。展示区域里的 3D 互动、AR 增强技术、绿幕抠像互动拍照、体感游戏、外带操控船舵的仿真驾驶……虚拟和真实的场景结合在一起，技术与艺术的双向创新是种必然趋势，是会所的缘故，稍微提前了一些。与互动系统、音像系统共同营造层次细致的空间，从电脑、电视、个人信息终端的互联，到灯光、窗帘等电器的模式处理，因着提倡节能和环保的生活宗旨，想来也会落伍得慢一些。

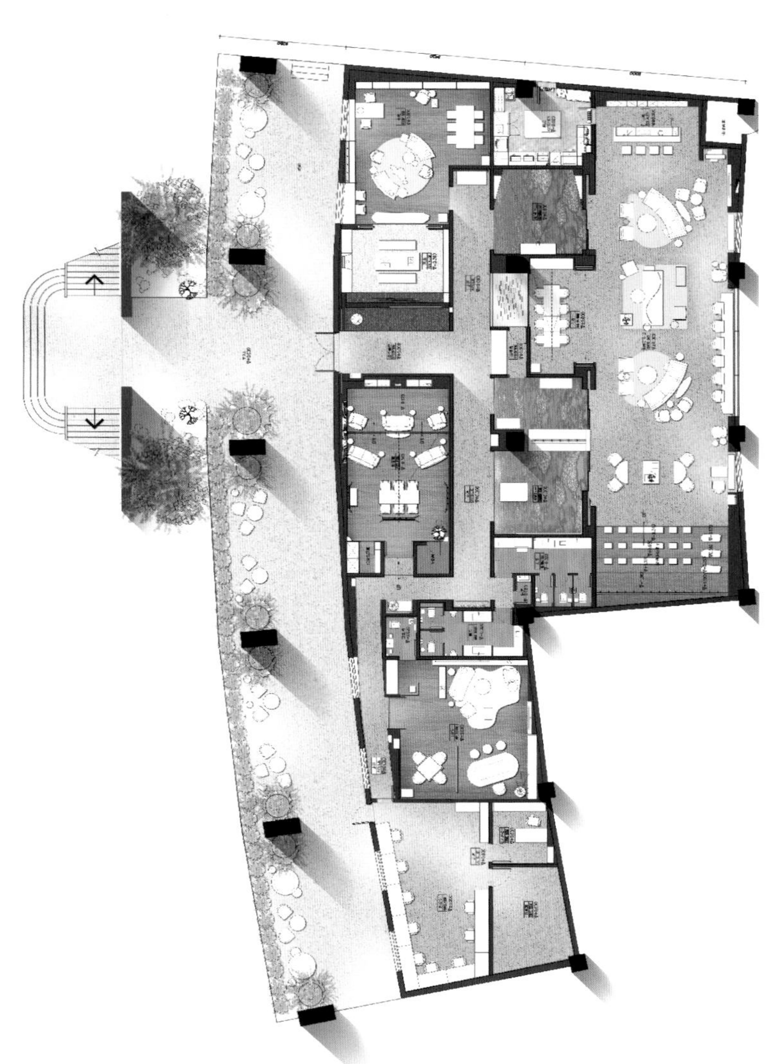

书房和茶室部分是我个人最喜欢的空间。茶室里的灯和植物的装置都是公司为其特别打造。书和饰物、收藏品的选择也不错。整个书房有种将人拥抱在里面的温暖，特别是在书桌旁和木美椅子上，心沉静，欲停留。这两个区域虽不大，但却有着明确的界定，容易控制和拥有，容易相熟和记忆。

咖啡休闲区中的灯花了些心思，两侧的布置更是当初一笔笔画出的模样。后面大阶梯保留了原芝加哥的海报，当然是以另外的一种模式呈现。归属感与认同感都强调着脉络和与藏在时光缝隙间的隐喻。知来处去处，也能得过去未来，算是承接，也是对过往岁月的致敬。

会所中很多细节表明着其定位和倡导，比如由回收的塑胶水瓶组成的装饰画、倒挂着的枯木根逆向再生长、老木板拼装的咖啡馆天花条……平静中的力量比较容易感人，合适的物件并不在乎贵奢。

会所的属性决定了其独特业态的空间和专属感，而这些定义并不是对非专属的屏蔽或者说隔离。事实上得到的更直接、更愿意当成是赞美的反馈大多来自于非“帆船会员”。身处其中各得其所，有一种有别于其他会所的舒适感。好的空间要宜“居”，并让“居”者产生空间认同感。那是能够被不同人共同体验到的实质环境，很“主观”，但实际上各种不同的主观感受却是由实际的“客观”环境所影响、所暗示。空间被赋予了预设的情感色彩，参与者被调动起类似的认同感，由此靠近路易斯康“愿意待的地方”的方向。

云中谁寄锦书来，雁字回时，月满西楼

A Beautiful Place, People Miss

项目名称：鸿会所
设计公司：逸品设计

每一种装饰风格都有其特定的文化背景作为支撑，以此来表达特定文化环境下人们对生活的追求，中式风格正是以我们几千年的历史文化作为支撑，传递给人们的是中国文化的深远、悠久、厚重、优雅，营造的是极富中国浪漫情调的生活空间。

云气神奇美妙，引人遐想，其自然形态的变幻有超凡的魅力，云天相隔，令人寄思无限。所以，在古人看来，云是吉祥和高升的象征，是圣天的造物。

本案设计以祥云、龙纹为元素，融合庄重和优雅的双重品质，展示中国传统文化的独特魅力，天花上以木条相交成方格形，上覆木板，用实木做框，层次清晰。在家具陈设上讲究对称，重视文化意蕴，配饰用字画、古玩、盆景等加以点缀，更显主人的品位与尊贵，墙面的挂画以山水为主，更具有文化韵味和独特风格，体现中国传统家居文化的独特魅力。

野望

王绩

东皋薄暮望，

徙倚欲何依！

树树皆秋色，

山山唯落晖。

牧人驱犊返，

猎马带禽归。

相顾无相识，

长歌怀采薇。

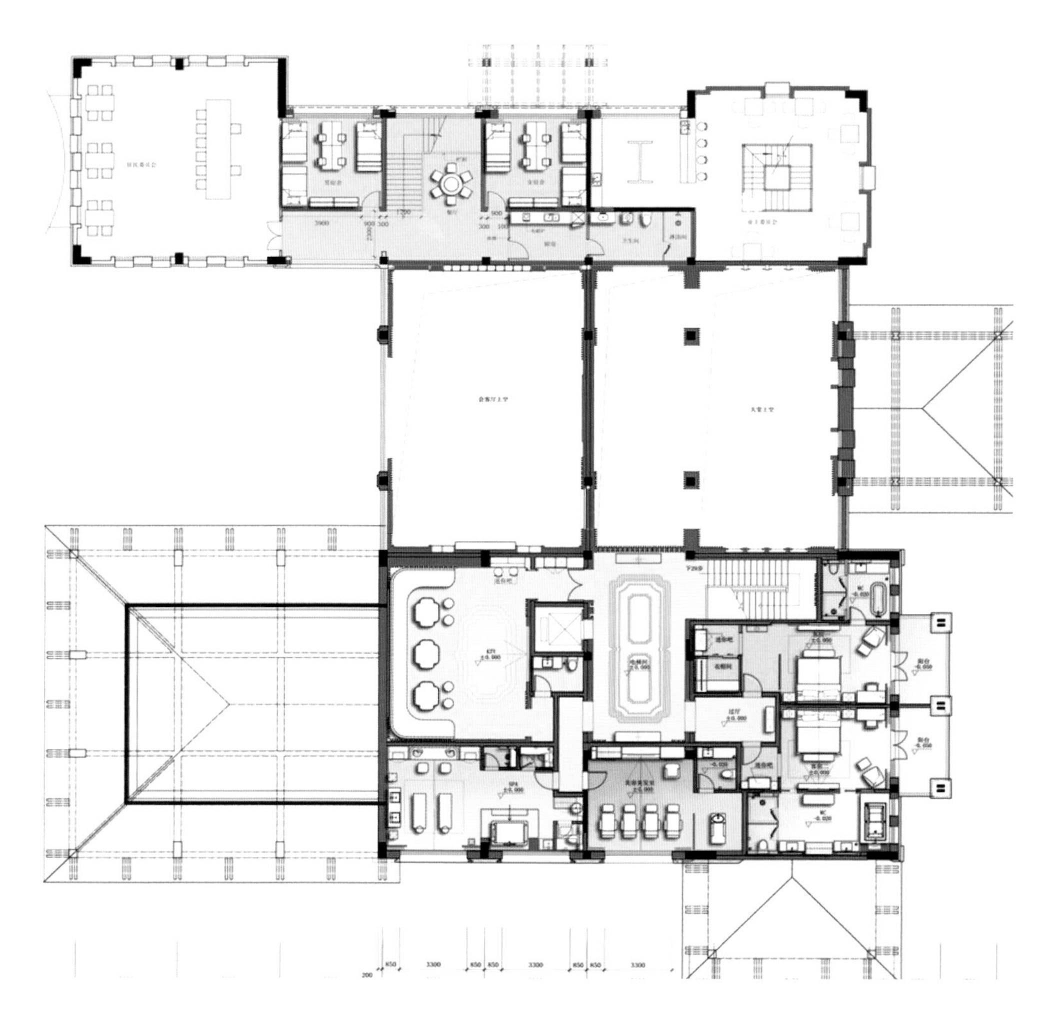

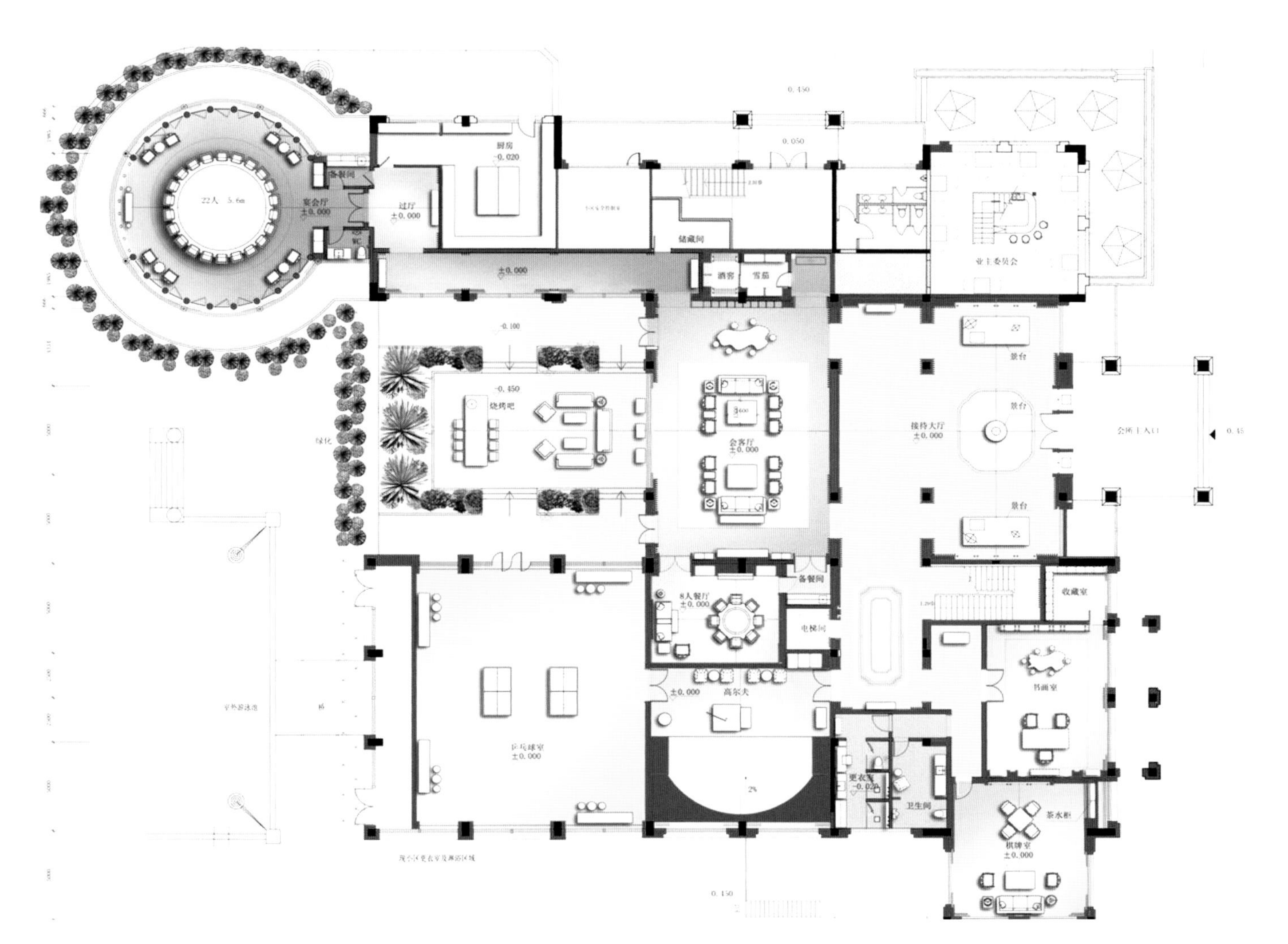
厨房
-0.020
过厅
±0.000
宴会厅
±0.000
备餐间
储藏间
酒窖
雪茄
业主委员会
烧烤吧
-0.450
会客厅
±0.000
接待大厅
±0.000
8人餐厅
±0.000
备餐间
电梯间
收藏室
书画室
高尔夫
乒乓球室
±0.000
卫生间
茶水柜
棋牌室
±0.000

一步一景漫云间，高山流水遇知音

One Step, One Scene
Hill, Meets Water

项目名称：黄山德懋堂

“天池”丰乐湖畔的黄山德懋堂，地处古徽州，四周山川秀丽，气候温和湿润，风景旖旎宜人，层层山脊曲线蜿蜒，勾勒出浓淡相宜的自然美感。黄山德懋堂正坐落在这座“一步一景，如诗如画”的皖南小城，距离高铁黄山北站仅有25分钟车程，距离黄山机场也只有40分钟车程。

十八学士

十八学士，即十八栋现代徽居，依地形高低落差，错落着伫立在绿水之畔青山之中，白的墙黑的瓦，每栋别墅都可以观赏到独特的山水景观，视野开阔的同时也兼具私密性。十八学士沿用古徽居枕山、临水、粉墙黛瓦的建筑特点，形成传统与现代相结合的特色度假徽居群落，拥有景区水面最宽阔的独立半岛，敬献临水居、半山居、茗香居和听竹居四种经典户型。

徽派建筑淡雅祥和静谧，古朴大气又不失庄重，这些独有的个性不仅仅见于十八学士建筑外观，在内部空间的装饰上也体现得淋漓尽致。就地取材，将竹木山石等诸多元素融入新中式的装饰风格，现代之中可发掘传统之美，简约之中亦可彰显时尚。房间内设施包括中央空调、高清有线/卫星电视、免费无线WIFI（一种允许电子设备连接到一个无线局域网的技术）和高速互联网接入，迷你冰箱、胶囊咖啡机、浴室和淋浴、吹风机、浴室电话和保险箱。

曲池荷
卢照邻

浮香绕曲岸，
圆影覆华池。
常恐秋风早，
飘零君不知。

百年徽居“德懋堂”

老宅“德懋堂”，原坐落于黄山市歙县杞梓里镇老街，始建于清中期，分前后两进，属典型的徽州民居格局，其中堂匾额为晚清重臣李鸿章题写。原屋主姓王，其祖上是从事茶叶生意的徽商，商号遍布全国。

德懋堂的装饰母题是“草龙”，整体装饰风格大气、简洁、抽象，大量植物图案表现屋主人高雅的情致。原老宅的入口门楼字匾门雕刻及第二进天井正立面在 20 世纪 70 年代遭到损毁，建筑师与工匠按照文物修复标准进行复原，保持其原貌，并与徽州当地工匠协作，寻访歙县各地收集木构件“移花接木”，修复老宅缺失木作部分。

改造时，建筑师将首层设计为餐厅，并打破二层原有建筑格局及流线，改造为三个具有完整现代起居生活功能的传统民居客房。客房内使用的家具均为从民间收集而来的老家什，房间内设施包括中央空调、高清有线 / 卫星电视、免费无线 WIFI 和高速互联网接入、迷你冰箱、胶囊咖啡机、浴室和淋浴、吹风机、浴室电话和保险箱。

百年徽居“处仁堂”

处仁堂小巧精致，在特殊的时期，屋主人用黄泥把门楼装饰全部覆盖，老宅的徽州“三雕”才幸免于难，完好保存至今。

入口门楼为一组装饰精美的字匾门，门楼上砖雕细腻，亭台楼阁，错落有致，大小人物，不计其数；门楼上悬挂一面矩形镜子，为徽州人辟邪之用；门岩石柱及台阶铺装使用十分珍贵的浙江淳安茶园石。天井内，梁托、斜撑和元宝墩的装饰精致生动，最让人叹为观止的是入口背面的一对八仙斜撑，使用了高难度的透雕与镂雕技术，巧夺天工。

处仁堂新的室内空间改造设计完全改变了原有的空间流线，建筑原有两层及一夹层，夹层及二层均从正堂背后的楼梯进入。改造后在天井左侧新加一个楼梯，直通三层套房，原楼梯只通往夹层两个卧室。处仁堂现有四间客房和一间双卧室套间，客房内使用的家具均为从民间收集而来的老家什，房间内设施包括中央空调、高清有线 / 卫星电视、免费无线 WIFI 和高速互联网接入、迷你冰箱、胶囊咖啡机、浴室和淋浴、吹风机、浴室电话和保险箱。

百年徽居“鸣琴吧”

鸣琴吧源自一段“偶遇”。

鸣琴吧得名于正堂悬挂的一副匾额——清代书法家李嘉福题写的“鸣琴佐理”。老宅原本位于歙县一个偏僻的河边，因其地形原因，正门不能开在正面，而是开到山墙处，其内部平面也随之调整。其布局朝向因地制宜，恰好与黄山德懋堂“十八学士”的地段条件吻合，遂迁移至此。建筑师将其大胆改造为现代酒吧和茶室，两个面向湖面的独立空间使用落地玻璃窗。于是乎，饮酒时就增添了“把酒临风”的乐趣，品茗时就多了“对影成三人”的美景。此外，老宅原厨房内被油烟熏黑的柱子作为一种“历史记忆”保留下来。

容成仙台

容成仙台相传为黄帝的老师容成子修仙得道的地方，建有88栋现代徽居别墅，户户依山傍水，视野绝佳，同时又独享私密空间。每栋别墅均为三居室大床客房，室内装修风格简约明快，空间流线时尚现代。新中式装饰风格混杂着在当地随处可见原生态建筑材料，富有地方特色又不失时尚风采。房间内设施包括中央空调、高清有线 / 卫星电视、免费无线 WIFI 和高速互联网接入、迷你冰箱、胶囊咖啡机、浴室和淋浴、吹风机、浴室电话和保险箱。

德懋堂

静兰茶舍

静兰茶舍原位于黄山区三口镇竹圆村，上下两层、前后开门、天井居中。这种围绕天井且前后穿越的布局并不适合居住，但却非常适合用作公共活动空间。因此建筑师将其改造为茶舍，置在黄山德懋堂“容成仙台”湖畔。

静兰茶舍一层是庭院茶室，天井处可以形成一个独立观演空间，客人可以坐在屋内自在观看茶艺大师在天井中的精彩表演。二层更加具有私密性，适合好友数人闲谈品茗，布幔围起了原先厢房的位置，不仅保证了空间的通透性与流动性，又打造出品茗时的私密空间。

有鲤餐厅

有鲤餐厅位于容成仙台会所二层，以创意徽菜见长，精选原生态农产品食材，提供健康多样的特色美食。菜品设计在遵循传统的基础上，整合传统与现代元素，引入现代健康饮食观念，使菜品设计更加切合现代生活方式，造型精美以及花样繁多的菜品势必会给宾客带来别样的用餐体验。

有鲤餐厅面向鲤塘、露天泳池，餐厅内部随处可见民间收集而来的“木雕”“石雕”精品。餐厅内两张长餐桌由两块独立的大型传统徽居石刻构成，品尝美食的同时也可以欣赏桌上风景。此外，有鲤餐厅有三间餐饮包间，可以满足不同人数的用餐需求。

容成仙台客房 主卧

容成仙台客房 次卧

容成会所景观

九荷会所

九荷会所是黄山德懋堂的顶级产品，它的室内面积是450平方米，主要作用是为企业打造一个会所，上下共分为三层，首层有多功能厅、起居室和一个一层主卧，二层是一个主卧的空间，三层布置了三间五星级酒店标准的小房子，根据客人的需要，多功能厅体育室的上空可以通过加建形成更多的使用空间。首层的多功能厅，可作为餐厅供十二个人用餐，通过简单的家具转换可以实现会议室的功能。多功能厅和起居室之间存在60厘米的高差，在多功能厅和体育室之间有一个中式推拉隔断，客人可通过隔断的闭合实现空间上的划分，起居室外布置有大露台和无边界的泳池，在大露台落地窗和隔断全部拉开的情况下会有一个非常大的空间可以供客人来打造专属于自己私人的使用空间。

另外在多功能厅和起居室布置了智能灯光，使得室内的灯光能够根据不同场景的灯光要求进行控制。超大的起居室还布置了两个活动区域，一个区域摆放重为一吨钢型石材的茶几，另外一个区域用一个圆形木桩作为茶几来使用的，起居室整体是一个两层打造的空间，在沙发之中布置了错落有致的装饰灯球，这样可以使起居室在显得大气的同时又不会活泼的气氛。在起居室中间布置了云纹砖的装饰隔断，隔墙下面布置了装饰壁炉，冬日里客人可以坐在沙发上享受壁炉带来的温暖，同时又能看到外面湖面的景观。首层起居室电视墙的设计手法是通过胡桃木木质面的运用和云纹砖墙面形成材质的对比，电视柜是通过多功能厅一层的石材踏入延伸出来的，这样的处理手法可以让装饰和建筑融合。首层的主卧布置了一个连贯的木质壁橱，可以直接放在云台上，另一侧落地窗通过地台的延伸，形成了一个可以坐卧的罗汉榻，这里的乐趣是客人可以推开落地窗直接到达外面。二层的主卧配置和首层的主卧是一致的，考虑到度假村的独特性和趣味性，在床的旁边摆设了鱼缸，另外床头的装饰吊灯台灯落地灯都是为九荷会所专门定制的，三层三间标准的客房内的床体均是可以移动的，客人可以根据入住的需求把两张床垫合成一张大床，也可以分开使用。整体设计都是为了实现空间最大化的利用，能够满足企业各种类型的要求。

古村田园修禅心，依水闲坐观山云

Practicing Zen in the Village, Leisure in the Mountains

项目名称：九华山德懋堂“懋·精舍”酒店

莲花峰下，青通河畔，坐落着中国首家禅修文化主题精品酒店——九华山德懋堂。

根据景观视野打造“山、水、田”不同概念主题客房，享受不同景观视野的住宿体验。全程管家式贴心服务，房间内还配有高档饮料、水果、面点。65平方米的中轴对称户型设计，拥有大床、窗榻（可容纳小孩睡觉）、干湿分离卫浴、多功能组合办公桌椅，360°旋转摇臂杆液晶电视等丰富的室内设备。

汉江临眺

王维

楚塞三湘接，

荆门九派通。

江流天地外，

山色有无中。

郡邑浮前浦，

波澜动远空。

襄阳好风日，

留醉与山翁。

MÀO
LODGE
懋 | 精舍

朝向正对莲花峰的山顶泳池、户外SPA凉亭、篝火平台，可以让亲朋好友在此举办户外BBQ（烧烤）、篝火晚会、祈福等活动。为了让客人在嬉水的时候，可以看到更好的山景，德懋堂的建筑设计师们特意将泳池的朝向修改，做到了依水而坐观山云。与其说九华山德懋堂的这座无边泳池是顶级酒店的标配，不如说它是隐匿在山间的艺术品。邂逅这一古典美景，在其中做一个舒服的现代SPA、悠哉快哉!

五味斋餐厅为可同时容纳50人用餐的开放式餐厅，高档次精美珍肴选材考究、健康养生，米其林级精品素斋享誉全球，自助、零点、Party等模式随意切换。分别可容纳8~16人大中小餐饮包厢，可满足不同人数的用餐需求，室内空间设计布局精心，徽州名厨做的精品传统徽菜、特色素斋更是必要亲尝的美味。

徽州村落中原拆原建至九华山德懋堂的百年老宅，作为前台接待、茶艺表演、礼佛抄经的场所，自然延续传统，赋予古徽居新的生命，使其具有能满足现代人需求的使用功能。三两好友，禅茶一味，畅享度假休闲好时光。

佛龛墙对面精品酒店入口的商店里有优选的九华佛茶、黄山毛峰、武夷岩茶等名茶，以及生态农产品精装礼盒、九华山德懋堂特色纪念品琳琅售卖。来去留意，买来自己品尝还是送朋友都是非常好的选择。

自助香厨、业主礼遇、高端DIY厨房体验，在这里业主客人可以体验自己动手做菜的乐趣体会满满的收获感，酒店的厨师团队会给予现场指导，食材也可以提前预定，酒店方也会帮客人采买。贵宾私密空间，收放自如，密闭空间总裁会议、小型高管会议举办也非常适宜。

动静结合的功能配套少不了健身房。室内外布局休闲康乐设施，有超过15种健身器材，让您身心同修，畅享美好度假时光。

最多可容纳100人的多功能厅、禅修讲堂、大型宴会、会议沙龙皆可举办，常有大德高僧前来讲经弘法，还有定期的“合养生”针灸理疗提供给客人业主。丰富巧妙的空间设计理念，可举办不同形式的多种盛会，可闹可静。

作为每个德懋堂必有的“德·书屋”，九华山德懋堂“懋·精品”酒店的“德·书屋”更具有自己的特色，一期藏书即超1 000册，精选优质禅修佛学、历史人文、艺术等类优秀名家典籍，在此可开启书卷养心禅修之旅。

“万福”别墅客房，四户一个组团，结合九华山佛禅文化，取佛教“卍”字形，因此命名万福，寓意吉祥云海、吉祥喜旋。“合家欢”度假旅居的新徽派中式度假别墅，碧影映庭，四卧带卫，体贴私隐，二厅一厨，欢享饕餮。外墙开小窗保证私密性，内设禅室一方，庭厅堂卧，一应俱全。

清水出芙蓉，天然去雕饰

Lotus: Simple and Natural

项目名称：澍德堂
设 计 师：吕鲲鹏
项目面积：1 200 m²
主要材料：原木、玻璃

在安徽黄山脚下，藏着一个有着1 800年历史的绝美古村落，名叫呈坎。村里有三街九十九巷，150多栋徽派古民居。徽州人苏彤，就在这里做了一家只有16间房的民宿。

一片徽派民居，粉墙黛瓦马头墙，隐逸在青山绿水荷塘之间。

村前有片永兴湖。湖畔有7栋老宅子，连成一片。苏彤在这里做了处只有16间房的民宿，名叫澍德堂。

苏彤是地道的徽州人，也是宋代文学家苏辙的第38代后人。苏彤的祖辈是徽商，澍德堂是苏彤家的一个商号。澍是及时雨的意思，雨水在徽州是大善。做民宿时，苏彤就沿用了这个名字。

在修复老宅子时，苏彤为了更换一根梁柱，在婺源乡下买下了两栋老宅子，又在澍德堂里做了复原。

苏彤说，荷花塘四季风景不一，尤以夏季最美，自己手机里有8 600多张照片，除了女儿，最多的就是这一池荷花。澍德堂就占据荷塘一隅，数十幢宅子连成一片。沿着蜿蜒的青石板路，一侧是古朴淡雅的建筑，另一侧是碧绿的莲叶。漫步澍德堂，无论是在长廊、前台、餐厅、茶室或是任何一个角落，门窗成框，圈出的都是满目别致的风景。

徽州老宅远观之美人人皆知，但徽商多信“暗室生财”，他们的宅院内部往往潮湿阴暗，虽有浓郁的当地风情，却不适合现在人居住。

为了提高舒适性，苏女士和设计师在房间内部花了极大的精力。改造后的澍德堂明亮、通透，全然没了先前的阴暗。设计师为一楼的一间客房装上了一整面玻璃墙，独享后院静谧的同时，也有了满室阳光；阁楼卫生间开了一扇天窗，日光与月光兼得；古朴宽敞的茶室与整片荷塘也仅

阙题
刘昚虚

道由白云尽，
春与清溪长。
时有落花至，
远随流水香。
闲门向山路，
深柳读书堂。
幽映每白日，
清辉照衣裳。

有一面玻璃之隔，闲看花开花落，静品茶苦茶甘。而在设计师最喜欢的前台区域，两棵大树荫蔽老宅多年，地位举足轻重，自然要好生用玻璃围起来加以保护，还能趁机借得一缕天光。自然为大，以平等的姿态尊重生命，与历史和自然用心对话，这便是吕鲲鹏身为一名设计师的诚意。

大量玻璃元素的应用，既改善了自然采光，提升了空间感，也为中式的老宅带来了轻盈的现代气息。餐厅的外面是一个天井，设计师大胆地为天井加了一个透明的屋顶，便有了一方既有风景又无风吹雨淋的室外餐区。至于那面被雨水冲刷多年的老墙，深深浅浅的印记里承载了太多故事和记忆，那就不要用雪白的涂料去覆盖了吧。

十六间客房各不相同，大床、双床齐备，也有更私密的独门独院单卧别墅，二居小院则是全家出行时的最佳选择。“静思”“时雨”“观荷”“梦溪”“拂柳”，连名字都各个诗意动听。避开花哨的高科技材料，只选用天然材料，改造过程中，设计师一直在极力避免一种风格：张扬。16间客房配备了造型简洁古朴的家具，在保证舒适度的前提下，几乎没有任何冗余的装饰，连色调都是亲切温和的原木色，一切都在为老宅本身迷人的韵味和窗外秀美的风景画卷让步。餐厅的吧台选用的是产自徽州黟县的天然石材——黟县青；公共区域卫生间的洗手盆，原本是一口老井的井台；而中庭楼梯的围栏和屋顶竟是由一根根粗细相仿的竹子拼接而来。竹木颜色本就相近，他尽量让每一块新墙面和每一台新设备，都能毫不费力地融入原有环境，成为它们的一份子。于是他把空调、地热、新风等现代设备尽量隐藏。传统木楼梯犹在，但出于安全、稳固和隔音等因素考虑，原有的木楼板则被换成了钢混结构，这些并不抢眼的改造，犹如为老宅换了一颗强有力的年轻心脏，让它的勃勃生机得以延续。

SU HOUSE

SU HOUSE

在保留老宅格局的基础上，如何巧妙地利用空间是一门大学问。澍德堂的房间宽敞、舒服，尤其是看得见风景的房间，一进去就让人想无事慵懒地待在里面，风景和房间相得益彰，也让人待得住。

徽派建筑的典型格局是高墙小窗围出一个方方正正的天井，讲究的是"四水归堂"。徽州多雨，最美不是下雨天，而是滴水成线的屋檐。设计师没有给老宅的外部屋檐加水槽，当雨水洒下，屋檐飞水落在老石板上，滴答声不绝于耳。古人晴耕雨读，大概是因了这悦耳的背景音吧。设计师给地面和门槛的排水都做了重点处理，让人有听闻雨声之悦，而无地面积水之苦。

在前台的两棵老树中间，设计师特地辟了一块玻璃地板，下面流水潺潺，这源源不断的活水来自永兴湖荷塘，善水溢出，途经老宅，流向屋后的稻田，润泽了绿油油的禾苗。吕鲲鹏说："这样和谐永续的自然生命循环，如果被石块遮住，不为人知，就太可惜了。"

身居澍德堂，最勾人情思的，还是潇潇雨天，隔着荷塘看着水墨画般的建筑和远山上缥缈的烟雾。听着雨声，捧一杯茶，万般放下，唯觉内心平静宁和。

天人合一，回归生活

Man Integrated with Nature, for Life

项目名称：墅家玉庐雪嵩院
设计公司：深圳市墅家文化与度假有限公司
主笔设计：聂剑平
参与设计：吕洋、周兆鹏
摄 影 师：陈维忠、林铭述
项目面积：6 660 m²
项目地点：云南丽江
建筑材料：青瓦屋檐、当地五花石、玻璃幕墙、黄泥墙、松木
室内材料：天花松木梁木板、墙面松木板刷进口环保木蜡油、墙面黄泥涂料、船木地板

墅家玉庐雪嵩院由13栋独立别墅组成，共26套（31间）房。在保留纳西传统民居质朴之美的同时，用现代的设计手法满足现代人对居住的舒适要求。整个院落以地形为基础，以地貌为辅佐，践行天人合一理念。

丽江古城北行10公里左右处，玉龙雪山南麓有一个叫作“巫鲁肯”的村子，意为雪山脚下的村子，这里便是玉湖村。玉庐雪嵩院是墅家品牌与当地8个农民合作，利用他们原有的宅基地而开始的项目。设计师认为“建筑本身要符合当地建筑文化的特点，在丽江要结合纳西文化，在徽州则要做徽派建筑；同时，要选用当地材料，因为材料来源于土壤，材质本身与孕育它的环境会存在天然的默契。但在内部使用上必须优先考虑现代的居住理念，满足现代人对舒适的追求，包括对卧室、卫生间的使用等，纯粹为了好看或者满足功能的设计都是不合理的。”

原本纳西的房子是造型很漂亮的石头房，但一来建筑层高比较低，采光较差，二来房子本身是纯粹的木结构，开间与跨度不大，格局较小，并不适合作为别墅酒店。于是，设计师把它全部拆除重新建造，在现有的基础上进行了产品化设计，采用了LOFT的方式，在房子的坡度、造型、比例、高度等方面进行了改进。建筑本身严格承袭了纳西建筑的朝向要求和大风水格局，一间正房一间次房，正房高、次房低，且两房呈90度关系，因此远看与纳西房子非常接近，但内部空间的设计已经完全打破了原有的格局，做了全框架结构，可以随意分割。在外观设计上使用了很多自由曲线，同时融入黄泥墙、木窗花格子、悬鱼和老船木等特色装饰元素。雪嵩院的建成，是对纳西民居的新居住形态的有益尝试，给当地居民提供了一种新的居住模式的可能。这种新概念民居有助于让当地

无题
李商隐

昨夜星辰昨夜风，
画楼西畔桂堂东。
身无彩凤双飞翼，
心有灵犀一点通。
隔座送钩春酒暖，
分曹射覆蜡灯红。
嗟余听鼓应官去，
走马兰台类转蓬。

01 P 负一层平面总图
SECTION Scale 1:300

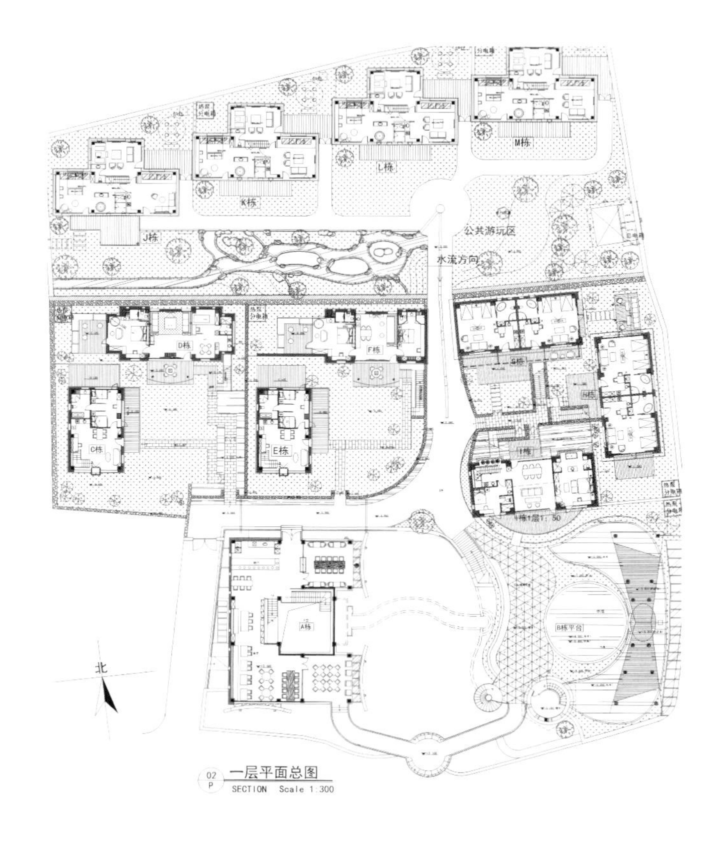

02 P 一层平面总图
SECTION Scale 1:300

居民居住得更加舒适。

为了使房子既有当地的情调，又能解决民居存在的问题，建筑营建时费了很多精力。比如用了几个月的时间实验外墙石头的砌法，既不想砌得太精细像一个现代的房地产别墅，又想保留当地原始村落形式的砌法。屋顶设有自动天窗，躺在床上就可以欣赏玉龙雪山的美景与夜晚满天的繁星。家具大部分根据当地纳西家具款式做了简化或创新设计，色彩则在保持传统纳西家具颜色的同时从现代家具中吸收灵感，采用了深褐色、原木色、浅蓝色等。

在设计师看来，空间是多样性的，不能用某个标尺去固化它，他说："从某种意义而言，建筑不是一门严谨的科学，比如对于同一个空间，不同的人会产生不同的感受，因为各人的磁场不同，这是没有绝对规律可考究的，也正因为每位设计师对事情的看法不同，才会产生不一样的设计，才能产生个性，生活也才会有趣味可寻。但在基本自然规律和生活习惯上还是有据可依，我认为在设计中，空间、水、阳光以及人是比较重要的因素。"

一家有特色的民宿酒店，仅仅做好设计还远远不够。设计师还谈到："一个酒店的成功运营，在设计上必须是漂亮的、让人赏心悦目的，但这并不能作为酒店运营成败的决定性因素。我对自己的产品有四句话的要求："睡到自然醒、满眼是风景、餐饮随时请、微笑墅家亲。"这四句话中，有关设计的描述只有一句，其他三句都不是，看似与设计无关，却是一个产品的服务体系，管理不到位、服务不到位，酒店依旧难以运营。

设计很重要，但也没那么重要。对我而言，在塑造产品的过程中，设计只占到我整个精力的 1/3，而剩余 2/3 的时间我都在考虑如何让客人吃得好、玩得好，用我们的微笑让大家宾至如归。这是整个产业链的需求，是我的核心价值。"

设计不局限于空间，它关注的不仅是身体舒适，还有精神的愉悦，从这两点来说，墅家玉庐雪嵩院更像是隐居雪山边的世外桃源。

西施故里的隐居

Poem and Distance of Xishi's Native Place

项目名称：墅家墨娑西冲院
设计公司：深圳市墅家文化与度假有限公司
设 计 师：聂剑平

西冲村被誉为“中国最美乡村”，有着洗尽铅华的朴素之美，有着真正的诗情画意，千百年来，村民质朴的生活在此不疾不徐地传承着，沉淀下来的除了勤劳的美德还有美丽的故事。相传，西冲村是西施最后的定居之地。当年，在越王勾践复国之后，西施便随范蠡翻山越岭一路风尘，寻找她的梦中家园，当他们一路来到古属吴国的婺源，看到遍地荷花的美景，顿觉这就是她的梦中家园，便选择了此处。而后，这个村庄更是一直流传着与西施和范蠡息息相关的故事。对于祖祖辈辈生活在此的村民，这个小小的村落，是再平凡不过的一部分，可是对于每一个在城市生活的人而言，这里的每一个角落、每一个建筑，都是一幅画、一首诗、一段迷人的故事，是一个藏在梦中的诗和远方。

200 年前，俞族俊礼公在村口建了一座精美绝伦的祠堂，以固家族兴盛，定名“职思堂”。世事变迁，后易名“正和堂”，获有中正平和之意。时光流逝，正和堂风雨飘摇，荣光不再。墅家创始人聂剑平先生带着他的团队来到这里，要让岌岌可危的古宅重焕新生。

徽派民居受布局和采光的限制，容易带给人阴冷逼仄的感觉，设计中需要解决的一大问题是如何满足现代人的住宿功能需求，让客人在感受老宅岁月气息的同时有一份放松舒适的居住体验。

如何在恢复古建筑的同时有所创新以适应现代人的审美需求？设计师围绕这个问题做了大量的工作。传统徽州老宅最大的特点是有天井无院落，视觉感官比较阴暗难以久居，设计师利用家祠前的空地加建一栋由一层咖啡厅和二层水景房构成的两层小楼，家祠与小楼自然形成了一处有回廊的院落，使空间变得更有层次感。所有古建筑天井及公共部分完全按

利州南渡

温庭筠

澹然空水对斜晖。
曲岛苍茫接翠微。
波上马嘶看棹去，
柳边人歇待船归。
数丛沙草群鸥散，
万顷江田一鹭飞。
谁解乘舟寻范蠡，
五湖烟水独忘机。

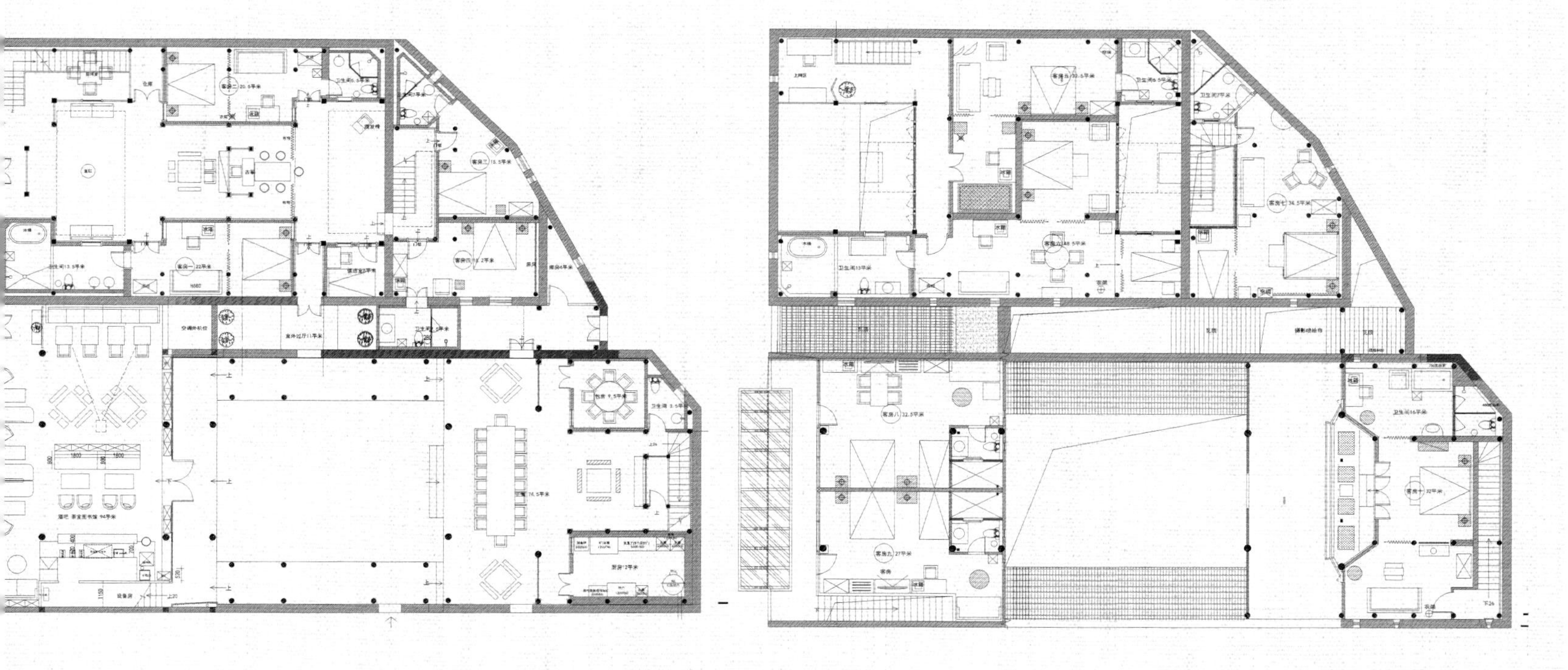

正和堂

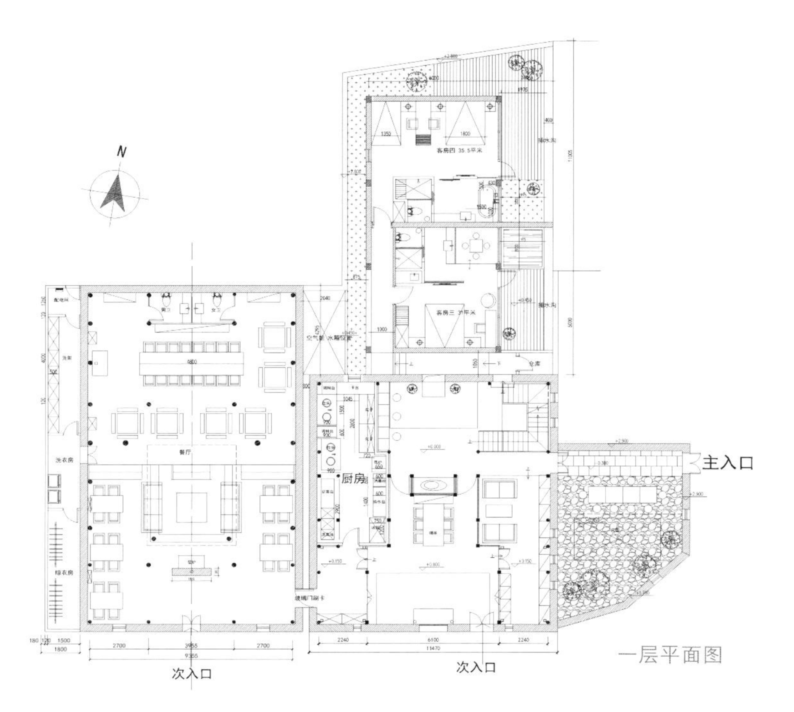
N
主入口
厨房
次入口
次入口
一层平面图

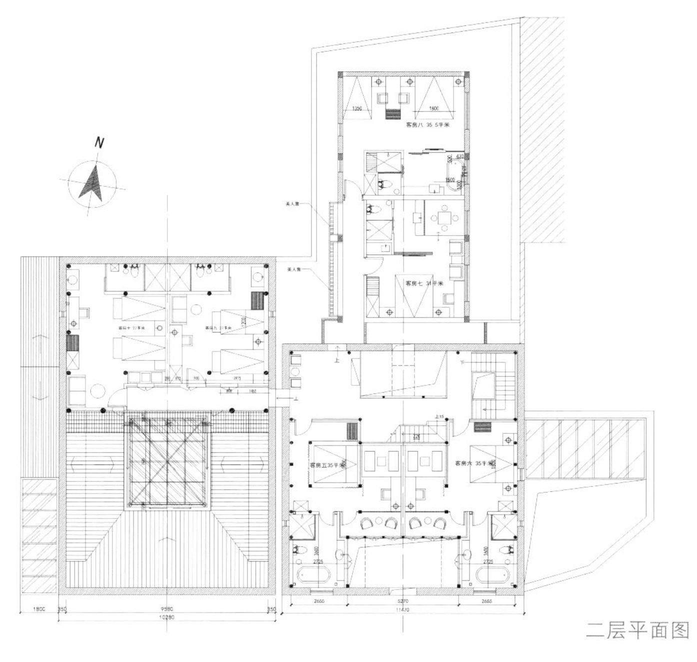
N
二层平面图

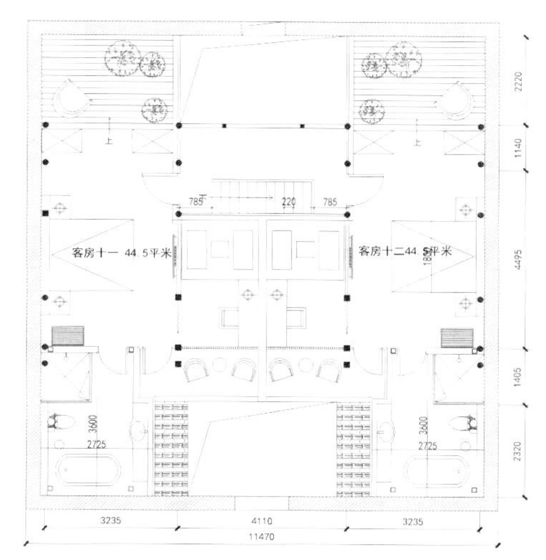

三层平面图

照老宅原样恢复如旧，而客房室内沿外墙一侧保留了原样，新隔墙均为白色石膏板面刷涂料，地板刻意挑选了带节疤杵木，原有木结构体均保持原样，自然而不露痕迹地将新与旧完美融合。室内色彩基本以黑白灰为主，局部间以跳跃的红色、绿色、黄色，使得空间不显沉闷，充满了现代时尚的气息。家具大部分根据当地徽州家具款式做了简化设计，上色从法国新古典家具中吸收灵感，上了三种不同灰色。同时为了让建筑与乡村生活融为一体，老宅前开挖了一处水塘，将原本完全幽闭的徽州民居改造成一个远山、近水、休闲平台、咖啡厅、祠堂内外交融相互呼应的休闲空间，古典美与现代美和谐共生，完美地展现在人们面前。修旧如旧，古宅修复工作由专业古建专家团队负责，尽力保持古建所承载的历史文化痕迹。

在墨娑西冲院，墅家所有的服务员都是当地村民。墅家倡导“人人平等”，提倡服务员以最真诚的一面对待客人，这对双方来说都是一种舒适。

聂剑平先生并不把这里只当成一间住宿用的酒店，因为在他看来：“其实，酒店是我们的第二个‘家’，无论是旅行、度假还是身在异乡，我们都需要有住的地方。我住过很多酒店，但它们都太过于商业化，并没有把顾客的需求放在首位。最初这个品牌，对它的定位是基于酒店和民宿之间的产品。我首先希望能够把房子建造得漂亮、舒适；其次我希望它有家的感觉，是没有约束感的，它是可以享用的、具备多重社交功能的另外一个家，既要保持酒店的舒适度又能够接地气。大家喜欢民宿，是因为它蕴涵了主人自己的味道乃至生活态度。‘墅家’它不是通常意义上的商业酒店，也不是大家所说的‘老板、老板娘’文化，我希望把当下都不那么完美的两个部分结合，成为一个既有人情味、又有酒店舒适度的品牌存在。”

国际时尚与巴蜀文化的任性对接

Global Fashion Jointed with Sichuan Culture

项目名称：成都群光君悦酒店
设计公司：美国纽约季裕棠设计协会

地处充满历史格调且具有时尚风情的春熙南路，成都群光君悦酒店坐落于高达 166 米的群光广场大厦的 10~39 楼。这幢宏伟的法式官邸建筑出自于美国纽约季裕棠设计协会（Tonychi Design Association）主席季裕棠先生（Tony Chi）之手。

成都群光君悦酒店将国际时尚生活方式植入四川浓墨重彩、精彩纷呈的当地文化之中，营造出时尚与传统兼具的魅力酒店。整座酒店以法式风情融合巴蜀文化精粹为核心设计理念，种种细节彰显了季裕棠闻名遐迩的个人风格。川人善吃会做，群光君悦酒店同样在饮食上给来宾奉上惊喜，"8 号"中餐厅提供地道的四川火锅及当地美食，特有的"集市"概念营造新鲜独特的餐饮体验；此外还有露天花园烧烤餐厅风与碳、美式风格的酒吧戏·迷、传统中式茶室、以纽珈糖为特色的法式甜品屋纽珈和全日餐厅凯菲厅，为来宾提供优雅美食之选。

同时兼具多种风格的"戏·迷"是客人精彩夜生活的理想场所，拥有现场乐队的"戏"与直通迷宫花园的"迷"共同构筑气氛独特的悦享酒吧区域，四周围绕着 4 米高的青翠绿植，营造午夜无限的浪漫氛围。

纽珈挑高 8 米的拱顶和华丽的装饰使这里看起来更像是一家琳琅满目的珠宝店，由手绘和刺绣构成的梅花装饰更增添了一种华丽之感，华丽得让人难以相信这是一家甜品店。

凯菲厅沿用了君悦酒店对于全日餐厅的经典命名法则，季裕棠利用充满成都本土风情的装饰鸟笼和微暗的灯光氛围烘托出了一种雅致而浪漫的餐饮空间。

与凯菲厅相连的中式茶饮空间茶苑，直接从成都本地的茶馆中搬回的竹

四时田园杂兴
范大成

梅子金黄杏子肥，
麦花雪白菜花稀。
日长篱落无人过，
唯有蜻蜓蛱蝶飞。

GRAND|HYATT

椅瞬间让成都悠久而古老的茶文化在此得到升华。

群光君悦酒店一共有 390 间客房，透过每个房间的全景落地玻璃窗可饱览城市美景。房间内典雅大气的木质装饰、延续自公共空间的绿色植物、装饰台灯及骨瓷装饰果盘等物件，无处不彰显出季裕棠先生对于中西融合设计理念的独到把握。

酒店拥有总面积超过 3 000 平方米的宴会及会议场地，包括 8 米高配备了宽敞舒适前厅的宴会厅，以及面积达 1 000 平方米的法式户外花园。这里还为宾客们准备了五间私密水疗套房及 12 个独一无二的足部按摩区域，让来宾忘却繁喧之疲，重获身心焕发。

成都群光君悦酒店的开业，标志着凯悦集团正式进驻成都，成都群光君悦酒店也是继上海柏悦、广州文华东方以后的中国大陆第三家由季裕棠先生设计的酒店作品，同时为成都本就繁荣激烈的豪华酒店市场，添上一座品位高雅的迷人府邸。

GONDWANA
VINTAGE CARS

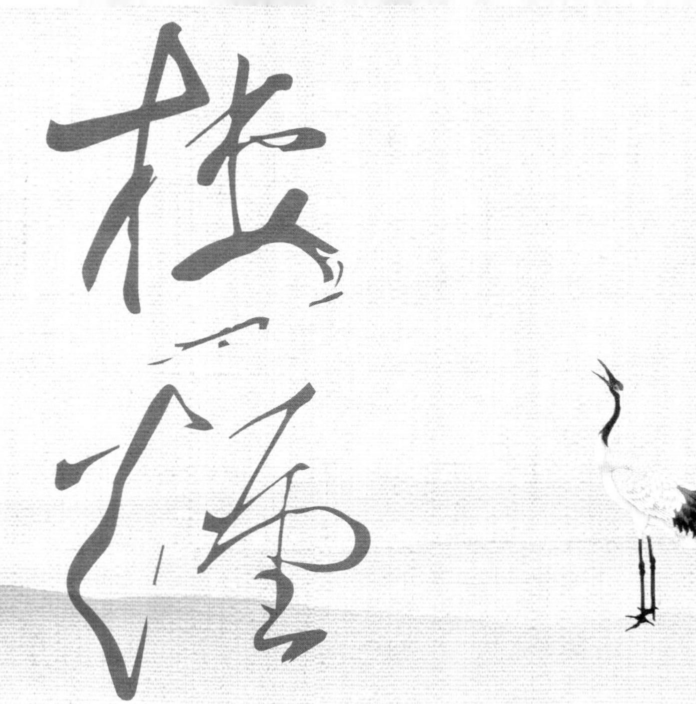

清幽淡远古城韵，水墨铅华凝成诗

Ancient City, Chinese Ink Painting

项目名称：山西太原君豪铂尊酒店
设 计 师：吕军
项目面积：6 000 m²
项目地点：山西太原
主要材料：西雅图灰石材、水墨漆画、黑色不锈钢、夹丝玻璃

太原，九朝古都，一座龙城宝地，兵家必争之地，岁月重新雕琢的古老石窟，可在各种美食与历史遗迹中领略这其文化沧桑的历史名城。该项目为集住宿、餐饮、休闲、娱乐为一体的星级精品酒店。设计师通过对室内的设计与把控，以达到淡然宁静，并最终在这座历经文化沧桑的历史名城里，传递出一份平和的优雅。

设计师提取传统文化中的水墨元素，结合时尚浪漫的欧洲文化，中与西，中国传统文化与欧洲文化的碰撞，通过水墨不同的表现引入不同的空间，加之与欧式元素的完美融合，展现中西文化和谐交融的艺术氛围，在把握功能中追求空间与意境，赋予酒店独特的文化内涵。

进入酒店，大篇幅水墨漆画《富春山居图》映入眼帘，大堂雕塑采用简化及抽象化的水鸟造型来营造酒店休闲的氛围，雕塑结合水景给人以休闲的感觉，与后面的背景水墨漆画互为映衬。穿梭于酒店，客人将会看到各种墨香交织的时尚与传统结合的图案，例如特别定制的走道及客房地毯、床头背景画、厚实的实木书架、书吧背景墙的锦绣，给人以浓厚的书香文化气息，让这座兵家必争之地的古都在刚硬的外表下多了一份文人墨客的优雅。

春晓
孟浩然

春眠不觉晓，
处处闻啼鸟。
夜来风雨声，
花落知多少？

生活之华表

Columns of Life

设计师：刘小飞

深圳天和酒店位于宝安区国际机场航站四路与机场三道交汇处，总建筑面积约 15 000 平方米；作为深圳国际机场的配套酒店具有独特的区位优势，主要为周边居民及机场商旅客人提供服务。

深圳天和酒店是一个改造项目，层高较低等结构硬伤，是设计工作的难点。同时业主装修预算偏低，设计师在主材上选用成本低，但看起来高端、有品质的材料。整个酒店采用现代简中设计风格，既简洁大方，又能传承中国的经典文化。酒店内部环境安静雅致，大堂天花设计提取了"华表"的元素符号，外物内用。"华表"是中国古时用以标志或纪念性的建筑物，寓意为客人能平安出，平安归。酒店公共空间的装饰木、石材、家具等采用深色系，线条洗练，整体氛围给人大气稳重感。客房的家具、饰物等采用浅色调，造型干净简洁，进入客房让奔波的客人身心得以放松和舒展。此项目的设计师很好地处理了客人对开放公共区域及客房等私密空间的心理需求。

酒店拥有商务套房，单双标准间等客房共计 160 余间。配有康体中心、书吧、会议室、早餐厅、7 个中餐 VIP 包间、2 个宴会厅（中西风格各一个）。同时可容纳 750 人就餐，酒店配套设施齐全，可满足客人全方位的需求。

忆江南

白居易

江南好，

风景旧曾谙。

日出江花红胜火，

春来江水绿如蓝。

能不忆江南？

天和酒店

8705
8706

竹映明月辉，锦织蜀江春

Moon Against the Bamboo, Brocade for River Spring

项目名称：成都太古里博舍精品酒店
设计公司：Make Architects

继北京瑜舍及香港奕居成功开业之后，太古酒店的第三个 House 品牌酒店——The Temple House 博舍，在成都隆重开幕。酒店位于成都大慈寺文化商业综合体，由太古地产和远洋地产共同开发。

博舍由英国著名设计师事务所 Make Architects 担纲设计。酒店的 100 间客房及毗邻的 42 间服务式住宅，是成都市政府文化遗产保育项目中的重要部分。综合体保留了逾千年历史的大慈寺周边重要的历史建筑物。整体设计展现出成都大慈寺周边历史建筑风采，室内和室外的所有设计也是取材于当地的街道面貌和特色。这个项目以笔帖式为中心，这是一座清朝中式庭院建筑，经过翻修后，成为酒店的入口。

酒店的主体由两座 L 形的建筑物组成，分开两边，营造出一座当代的庭院，而波浪起伏的地形景观则使人犹如置身四川的梯田之中。立体的网状外墙灵感源自四川传统的织锦工艺，结合木材、竹子、砖瓦及石材等元素，现代的建筑风格与中国的传统精髓互相辉映。

博舍的内部采取开放流动的格局，设有各种空间和通道，您可以由一个区域走向另一个区域，由阴暗走向光明，由喧闹走向宁静。

博舍由 100 间客房及 42 间服务式公寓住宅组成，在优雅的竹林掩映中，把宾客迎接到拥有逾百年历史、始建于清朝的中式庭院中。

除此之外，酒店拥有设计时尚、充满活力的餐厅和酒吧，引领成都新潮西式餐饮体验；还有室内游泳池以及充满古韵的水疗中心。

作为一个崇尚艺术的酒店，博舍处处体现出独树一帜的艺术范儿。博舍画廊与成都顶级的千高原艺术空间合作，每季度为客人呈现出不同风格和主题的艺术展览。此外，酒店公共区域也收藏了来自亚洲 7 位著名艺

寒食
韩翃

春城无处不飞花，
寒食东风御柳斜。
日暮汉宫传蜡烛，
轻烟散入五侯家。

术家的12件艺术品、包括涟漪灵动的石雕、将高科技动画与传统相结合的墙挂装饰、抽象大气的金属雕塑等，无论客人置身于酒店何处，都能在不经意之间被艺术所感染。

云自无心水自闲，静地花间涌清泉

Water Under Clouds, Spring out of Flowers

项目名称：济南绿地美利亚酒店
设计公司：集艾设计
设 计 师：黄全

济南城内百泉争涌，向有名泉七十二之说。这座充满奇迹的城市，赋予了人们丰富的幻想空间。以地域为优势，设计师的整个设计将围绕泉城展开，“以泉为源点，以水为元素”这就是济南美利亚酒店所承载的艺术文化内涵。

济南绿地美利亚酒店是美利亚酒店集团在中国大陆地区开业的首家酒店。地处济南西客站全新的商业圈，便利的交通和地理位置得天独厚，成就了一处虽然位于城市未来的繁华中心，但却可以惬意享受商务休闲时光的悠闲之所。整个设计将围绕泉城展开“以泉为源点，以水为元素”，这就是济南美利亚酒店所承载的艺术文化内涵。

设计者采用大面积优雅的浅色，辅以局部的黑、黄，将水纹等具象元素以及重复并列的线条等抽象元素有机呈现，就像一位成熟的男士，从内到外散发着淡定的气息，从领带到袖口，细节统一，既不慌张也不杂乱。设计师的“以泉为源点，以水为元素”这个设计思路贯穿了酒店内外的每个空间。建筑、室内，二者和谐统一，处处凸显泉城文化中“水”的艺术底蕴。

同样，在餐厅设计上，建筑、室内，二者和谐统一，拥有同样的DNA；虽然功能各异，但主题以不同形式、不同材质反复呈现，浅色木、石营造温暖平实的基调，金属线条增加精致与奢华，玻璃增加通透和轻盈。

素雅平静虽然耐久，但如果所有空间都是一个风格，未免平淡。在舒适放松，清新自然的背景下，适当地凸出重点会给人很难忘的印象。

餐厅的包房设计融入更多的元素，能为宾客带来多种风情与格调的用餐体验。中餐厅以雅为主，不同颜色的古时华服和繁丽洁白的华灯让用餐更加愉悦。

江南春
杜牧

千里莺啼绿映红，
水村山郭酒旗风。
南朝四百八十寺，
多少楼台烟雨中。

济南绿地美利亚中餐区零点餐厅的设计以戏剧化的方式呈现，在令人安静的蓝绿色调映衬下好似中式茶舍，茶艺表演结合优美的背景音乐，醒茶、泡茶、品茶行云流水，一气呵成。

餐厅，一直都是酒店室内设计中的重点，是设计师追求完美空间的篇章。无论是从建筑结构到室内装饰都运用了现代新中式的设计风格，还是设计手法上的将古典中轴对称和现代简约的线条形式完美结合起来，都是无可挑剔的。

图书在版编目（CIP）数据

禅意东方 居住空间 XIV / 黄滢，马勇 主编．– 武汉：华中科技大学出版社，2017.6

ISBN 978-7-5680-2647-5

Ⅰ．①禅… Ⅱ．①黄… ②马… Ⅲ．①住宅 – 室内装饰设计 – 作品集 – 世界 Ⅳ．① TU241

中国版本图书馆 CIP 数据核字（2017）第 061597 号

禅意东方 居住空间 XIV
Chanyi Dongfang Juzhu Kongjian XIV

黄滢 马勇 主编

出版发行：华中科技大学出版社（中国・武汉）　电话：（027）81321913
武汉市东湖新技术开发区华工科技园　邮编：430223

责任编辑：熊纯　责任监印：张贵君
责任校对：冼沐轩　装帧设计：筑美文化

印　刷：中华商务联合印刷（广东）有限公司
开　本：965 mm × 1270 mm　1/16
印　张：20.25
字　数：162 千字
版　次：2017 年 6 月第 1 版 第 1 次印刷
定　价：328.00 元（USD 65.99）

投稿热线：13710226636　duanyy@hustp.com
本书若有印装质量问题，请向出版社营销中心调换
全国免费服务热线：400-6679-118 竭诚为您服务